16G101 图集问答丛书

16G101 图集应用问答
——框架·剪力墙·梁

栾怀军　主编

中国建筑工业出版社

图书在版编目(CIP)数据

16G101 图集应用问答——框架·剪力墙·梁/栾怀军主编. —北京：中国建筑工业出版社，2016.10
（16G101 图集问答丛书）
ISBN 978-7-112-19992-1

Ⅰ.①1… Ⅱ.①栾… Ⅲ.①混凝土结构-建筑制图-问题解答 Ⅳ.①TU204-44

中国版本图书馆 CIP 数据核字（2016）第 246433 号

本书根据《混凝土结构施工图平面整体表示方法制图规则和构造详图（现浇混凝土框架、剪力墙、梁、板）》(16G101-1)、《中国地震动参数区划图》（GB 18306—2015）、《混凝土结构设计规范（2015 年版）》（GB 50010—2010）、《建筑抗震设计规范》（GB 50011—2010）、《建筑结构制图标准》（GB/T 50105—2010）、《高层建筑混凝土结构技术规程》（JGJ 3—2010）等标准编写，结合工程实际应用，以平法制图规则为基础，并通过问答的形式全面介绍了框架、剪力墙、梁构件的各类钢筋在实际工程中的识图和计算。本书内容丰富，通俗浅显，准确到位，易学习，易掌握，易实施，能极大地提高读者对平法知识的理解和运用水平。主要内容包括：基础知识、柱结构、剪力墙结构、梁结构。

本书可供设计人员、施工技术人员、工程造价人员以及相关专业的师生学习参考。

责任编辑：郭　栋
责任校对：王宇枢　李欣慰

16G101 图集问答丛书
16G101 图集应用问答——框架·剪力墙·梁
栾怀军　主编
*
中国建筑工业出版社出版、发行（北京西郊百万庄）
各地新华书店、建筑书店经销
北京科地亚盟排版公司制版
北京中科印刷有限公司印刷
*
开本：787×1092 毫米　1/16　印张：9¼　字数：229 千字
2016 年 12 月第一版　2017 年 12 月第二次印刷
定价：**29.00** 元
ISBN 978-7-112-19992-1
（29474）

编 委 会

主　编　栾怀军
参　编（按姓氏笔画排序）

于　涛　王红微　刘艳君　刘　培
齐丽娜　孙石春　孙丽娜　邢丽娟
何　萍　何　影　李　东　李　瑞
张　彤　张　楠　张黎黎　董　慧

前　言

　　"平法"就是混凝土结构施工图平面整体表示方法，是国家科委与住房和城乡建设部列为国家级推广的重点科技成果，是对我国混凝土结构施工图的设计表示方法的重大改革，它推行设计表示方法的标准化和节点构造的标准化，从而简化了设计。平法钢筋等技术发展很快，规范也进行了大范围的更新。其中，G101系列国标图集是结构设计、施工、监理等相关从业人员从事专业工作必不可少、使用频率最高的图集。在全国建筑行业内应用广泛，极具影响力。G101系列国标图集已全面修编，16G101系列图集已于2016年9月出版上市。随着平法的不断推陈出新，也要求我们在对平法深刻理解的基础上不断学习和应用新的理论和技术。在理论与实践相结合的过程中，疑问和不解也在不断地产生，针对这种情况我们组织编写了这本书。

　　本书根据《混凝土结构施工图平面整体表示方法制图规则和构造详图（现浇混凝土框架、剪力墙、梁、板）》（16G101-1）、《中国地震动参数区划图》（GB 18306—2015）、《混凝土结构设计规范（2015年版）》（GB 50010—2010）、《建筑抗震设计规范》（GB 50011—2010）、《建筑结构制图标准》（GB/T 50105—2010）、《高层建筑混凝土结构技术规程》（JGJ 3—2010）等标准编写，结合工程实际应用，以平法制图规则为基础，并通过问答的形式全面介绍了框架、剪力墙、梁构件的各类钢筋在实际工程中的识图和计算。本书内容丰富，通俗浅显，准确到位，易学习，易掌握，易实施，能极大地提高读者对平法知识的理解和运用水平。主要内容包括：基础知识、柱结构、剪力墙结构、梁结构。本书可供设计人员、施工技术人员、工程造价人员以及相关专业的师生学习参考。

　　由于编写时间仓促，编写经验、理论水平有限，难免有疏漏、不足之处，敬请读者批评指正。

　　注：本书中出现的表示长度单位的数字，如没有标示出单位，其单位一律为mm。这是因为，本书是根据图集编写的，图集中的数字默认为mm。

目　　录

第 1 章 基 础 知 识

1.1 平法基础知识

1. 什么是平法?

建筑结构施工图平面整体设计方法（简称平法），对目前我国混凝土结构施工图的设计表示方法作了重大改革，被国家科委和住建部列为科技成果重点推广项目。

平法的表达形式，概括来讲，就是把结构构件的尺寸和配筋等，按照平面整体表示方法制图规则，整体直接表达在各类构件的结构平面布置图上，再与标准构造详图相配合，即构成一套新型完整的结构设计。改变了传统的那种将构件从结构平面布置图中索引出来，再逐个绘制配筋详图、画出钢筋表的烦琐方法。

按平法设计绘制的施工图，一般是由两大部分构成，即各类结构构件的平法施工图和标准构造详图，但对于复杂的工业与民用建筑，尚需增加模板、预埋件和开洞等平面图。只有在特殊情况下，才需增加剖面配筋图。

按平法设计绘制结构施工图时，应明确下列几个方面的内容：

（1）必须根据具体工程设计，按照各类构件的平法制图规则，在按结构（标准）层绘制的平面布置图上直接表示各构件的配筋、尺寸和所选用的标准构造详图。出图时，宜按基础、柱、剪力墙、梁、板、楼梯及其他构件的顺序排列。

（2）应将所有各构件进行编号，编号中含有类型代号和序号等。其中，类型代号的主要作用是指明所选用的标准构造详图；在标准构造详图上，已经按其所属构件类型注明代号，以明确该详图与平法施工图中相同构件的互补关系，使两者结合构成完整的结构设计图。

（3）应当用表格或其他方式注明包括地下和地上各层的结构层楼（地）面标高、结构层高及相应的结构层号。

在单项工程中，其结构层楼面标高和结构层高必须统一，以确保基础、柱与墙、梁、板等用同一标准竖向定位。为了便于施工，应将统一的结构层楼面标高和结构层高分别放在柱、墙、梁等各类构件的平法施工图中。

注：结构层楼面标高是指将建筑图中的各层地面和楼面标高值扣除建筑面层及垫层做法厚度后的标高，结构层号应与建筑楼面层号对应一致。

（4）按平法设计绘制施工图，为了能够保证施工员准确无误地按平法施工图进行施工，在具体工程的结构设计总说明中必须写明下列与平法施工图密切相关的内容：

1）选用平法标准图的图集号。

2）混凝土结构的设计使用年限。

3) 写明抗震设防烈度及抗震等级，以明确选用相应抗震等级的标准构造详图。

4) 写明各类构件在其所在部位所选用的混凝土的强度等级和钢筋级别，以确定相应纵向受拉钢筋的最小搭接长度及最小锚固长度等。

5) 写明柱纵筋、墙身分布筋、梁上部贯通筋等在具体工程中需接长时所采用的接头形式及有关要求。必要时，尚应注明对钢筋的性能要求。

6) 当标准构造详图有多种可选择的构造做法时，写明在何部位选用何种构造做法。当没有写明时，则为设计人员自动授权施工员可以任选一种构造做法进行施工。

7) 对混凝土保护层厚度有特殊要求时，写明不同部位的构件所处的环境类别在平面布置图上表示各构件配筋和尺寸的方式，分平面注写方式、截面注写方式和列表注写方式三种。

2. 平法的特点是什么？

六大效果验证"平法"科学性，从 1991 年 10 月"平法"首次运用于济宁工商银行营业楼，到此后的三年在几十项工程设计上的成功实践，"平法"的理论与方法体系向全社会推广的时机已然成熟。1995 年 7 月 26 日，在北京举行了由建设部组织的"《建筑结构施工图平面整体设计方法》科研成果鉴定"，会上，我国结构工程界的众多知名专家对"平法"的六大效果一致认同，这六大效果如下：

（1）掌握全局

"平法"使设计者容易进行平衡调整，易校审，易修改，改图可不牵连其他构件，易控制设计质量；"平法"能适应业主分阶段分层提图施工的要求，也能适应在主体结构开始施工后又进行大幅度调整的特殊情况。"平法"分结构层设计的图纸与水平逐层施工的顺序完全一致，对标准层可实现单张图纸施工，施工工程师对结构比较容易形成整体概念，有利于施工质量管理。易操作平法采用标准化的构造详图，形象、直观、施工易懂、易操作。

（2）更简单

"平法"采用标准化的设计制图规则，结构施工图表达符号化、数字化，单张图纸的信息量较大并且集中；构件分类明确，层次清晰，表达准确，设计速度快，效率成倍提高。

（3）更专业

标准构造详图可集国内较可靠、成熟的常规节点构造之大成，集中分类归纳后编制成国家建筑标准设计图集供设计选用，可避免反复抄袭构造做法及伴生的设计失误，确保节点构造在设计与施工两个方面均达到高质量。另外，对节点构造的研究、设计和施工实现专门化提出了更高的要求。

（4）高效率

"平法"大幅度提高设计效率可以立竿见影，能快速解放生产力，迅速缓解基本建设高峰时期结构设计人员紧缺的局面。在推广平法比较早的建筑设计院，结构设计人员与建筑设计人员的比例已明显改变，结构设计人员在数量上已经低于建筑设计人员，有些设计院结构设计人员只是建筑设计人员的二分之一至四分之一，结构设计周期明显缩短，结构设计人员的工作强度已显著降低。

（5）低能耗

"平法"大幅度降低设计消耗，降低设计成本，节约自然资源。平法施工图是定量化、有序化的设计图纸，与其配套使用的标准设计图集可以重复使用，与传统方法相比图纸量减少 70％左右，综合设计工日减少三分之二以上，每十万平方米设计面积可降低设计成本 27 万元，在节约人力资源的同时还节约了自然资源。

（6）改变用人结构

"平法"促进人才分布格局的改变，实质性地影响了建筑结构领域的人才结构。设计单位对工民建专业大学毕业生的需求量已经明显减少，为施工单位招聘结构人才留出了相当空间，大量建筑工程专业毕业生到施工部门择业逐渐成为普遍现象，使人才流向发生了比较明显的转变，人才分布趋向合理。随着时间的推移，高校培养的大批土建高级技术人才必将对施工建设领域的科技进步产生积极作用。促进人才竞争，"平法"促进结构设计水平的提高，促进设计院内的人才竞争。设计单位对年度毕业生的需求有限，自然形成了人才的就业竞争，竞争的结果自然应为比较优秀的人才有较多机会进入设计单位，长此以往，可有效提高结构设计队伍的整体素质。

3. 平法施工图按何种顺序出图?

按照平法设计制图规则完成的施工图，一般按照以下顺序排列：

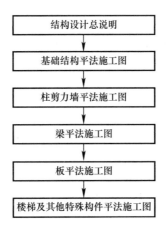

这样的出图顺序，与现场施工顺序完全一致，便于施工技术人员理解、掌握和具体实施平法结构施工图设计。

4. 16G101 与 11G101 图集有哪些区别?

（1）制图规则变化

1）取消了原 11G101-1 图集中的总说明第 2 条的平法系列图集包括的内容。

2）增加了第 3 条中的设计依据的规范：《中国地震动参数区划图》（GB 18306—2015），调整了两本规范依据的版本，新增了当依据的标准进行修订或者有新的标准出版实施时，图集与规范标准不符的内容、限制或淘汰的技术产品，视为无效。

3）总说明第 5 条调整了图集的适用范围。取消了原 11G101－1 图集中的非抗震设计。

4）第 1.0.2 条图集制图规则适用范围取消了"楼板部分也适用于砌体结构"这句话。

5）第 1.0.9 条，取消了第 3 款非抗震设计部分的要求；调整了第 5 款中可选用图集构造做法的例子所在图集的页数。在第 5 款的选用构造新增了非底部加强部位剪力墙构造边缘构件是否设置外圈封闭箍筋，取消了非框架梁部分的内容。第 8 款增加了嵌固部位不在地下室顶板仍需考虑上部结构实际存在嵌固作用的内容。

6）增加了柱平法施工图中 2.1.4 条上部结构嵌固部位的注写内容。

7）表 2.2.2 柱编号中原来的框支柱变成了转换柱；调整了第 2 款注中可选用图集构造做法所在图集的页数；第 4 款增加了采用非对称配筋的矩形截面柱的内容。

8）对"柱平法施工图列表注写方式示例"和"柱平法施工图截面注写方式示例"做了调整。

9）表 3.2.2-2 墙梁编号中增加了连梁（跨高比不小于 5）这一类型。增加的注 2 中，当这种类型的连梁按框架梁设计时，代号为 LLk。

10）第 3.2.3 条中第 3 款删掉了约束边缘构件除注写阴影部位箍筋外的内容；设计施工时应注意的事项增加了两条内容。

11）第 3.2.4 条、3.5.4 条第 3 款中原来的"双向"或"梅花双向"变成了"矩形"或"梅花"。

12）第 3.2.5 条增加了第 8 款跨高比小于 5 的连梁注写方式。

13）第 3.3.2 条第 1 款的注写部分内容中，删去了后半部分关于非阴影部分拉结筋以及设计施工时的注意事项这部分内容。第 3 款中增加了跨高比小于 5 的连梁注写方式。

14）第 3.4.2 条圆形洞口的加强钢筋的构造做法的要求做了调整，并增加了一个例子。

15）第 3.5.5 条原来的截面轮廓图变成了剖面图。

16）增加了第 3.6.3 条内容。

17）对"剪力墙平法施工图列表注写方式示例"做了调整。

18）表 4.2.2 梁编号中增加了楼层框架扁梁和托柱转换梁两种梁类型。新增注 2 和注 3。

19）增加了 4.2.5 和 4.2.6 条有关框架扁梁和框架扁梁节点核心区附加钢筋的注写方式。

20）增加了第 4.3.4 条关于框架扁梁的截面注写方式的内容。

21）第 4.4.3 条、4.5.2 条、4.6.2 条对照规范的版本做了调整。

22）第 4.6.1 条在两种连接构造的后面增加了代号标注。

23）删除了原图集中的第 4.6.7 条关于托墙框支梁的内容。

（2）受拉钢筋锚固长度等一般构造变化

16G101 系列平法图集依据新规范确定了受拉钢筋的锚固长度 l_a、l_{aE} 以及纵向受拉钢筋搭接长度 l_l、l_{lE} 取值方式。较 11G101 系列平法图集取值方式、修正系数、最小锚固长度都发生了变化。

（3）构件标准构造详图变化

1）柱变化的点

①"底层刚性地面上下各加密 500"、"KZ 变截面位置纵向钢筋构造"变化。

② 增加了"KZ 边柱、角柱柱顶等截面伸出时纵向钢筋构造"。

③ 删掉了"非抗震 KZ 纵向钢筋连接构造"、"非抗震 KZ 边柱和角柱柱顶纵向钢筋构造"、"非抗震 KZ 中柱柱顶纵向钢筋构造"、"非抗震 KZ 变截面位置纵向钢筋构造"、"非抗震 KZ 箍筋构造"、"非抗震 QZ、LZ 纵向钢筋构造"。

2）剪力墙变化的点

① 剪力墙水平分布钢筋中"剪力墙水平分布钢筋交错搭接"、"端部有无暗柱时剪力墙水平分布钢筋端部做法"、"转角墙"、"端柱转角墙"、"端柱翼墙"变化；增加了"翼墙（二）、（三）"和"端柱端部墙（二）"；删掉了"水平变截面墙水平钢筋构造"。

② 原图集"剪力墙身竖向钢筋构造"变成"剪力墙竖向钢筋构造"。其中"剪力墙竖向分布钢筋连接构造"、"剪力墙边缘构件纵向钢筋连接构造"中的"绑扎搭接"、"剪力墙竖向钢筋顶部构造"、"剪力墙竖向分布钢筋锚入连梁构造"、"剪力墙上起边缘构件纵筋构造"、"剪力墙变截面处竖向钢筋构造"变化；增加了"防震缝处墙局部构造"、"施工缝处抗剪用钢筋连接构造"。

③ 增加"构造边缘暗柱（二）、（三）"、"构造边缘翼墙（二）、（三）"、"构造边缘转角墙（二）"、"剪力墙连梁 LLk 纵向钢筋、箍筋加密区构造"。

④ "剪力墙连梁 LL 配筋构造"变化；"连梁、暗梁和边框梁侧面纵筋和拉筋构造"中增加"LL（二）、（三）"。

⑤ "剪力墙水平分布钢筋计入约束边缘构件体积配箍率的构造做法"、"剪力墙 BKL 或 AL 与 LL 重叠时配筋构造"、"连梁交叉斜筋配筋构造"、"连梁集中对角斜筋配筋构造"、"连梁对角暗撑配筋构造"、"地下室外墙 DWK 钢筋构造"、"剪力墙洞口补强构造"变化。

3）梁变化的点

① 删掉了"非抗震楼层框架梁 KL 纵向钢筋构造"、"非抗震屋面框架梁 WKL 纵向钢筋构造"、"非抗震框架梁 KL、WKL 箍筋构造"。

② "屋面框架梁 WKL 纵向钢筋构造"、"框架水平、竖向加腋构造"、"KL、WKL 中间支座纵向钢筋构造"、"附加箍筋范围"、"附加吊筋构造"、"非框架梁配筋构造"、"不伸入支座的梁下部纵向钢筋断点位置"变化。

③ 增加"端支座非框架梁下部纵筋弯锚构造"、"受扭非框架梁纵筋构造"、"框架扁梁中柱节点"、"框架扁梁边柱节点"、"框架扁梁箍筋构造"、"框支梁 KZL 上部墙体开洞部位加强做法"、"托柱转换梁 TZL 托柱位置箍筋加密构造"。

④ 删掉了原图集中"非框架梁 L 中间支座纵向钢筋构造"节点②。

⑤ 原图集"框支柱 KZZ"变成"转换柱 ZHZ"。

1.2 通用构造规则

5. 混凝土结构的环境类别有哪些?

混凝土保护层的最小厚度取决于构件的耐久性、耐火性和受力钢筋粘结锚固性能的要求，同时与环境类别有关。环境类别是指混凝土暴露表面所处的环境条件，设计可根据实际情况确定适当的环境类别。混凝土结构的环境类别见表 1-1。

混凝土结构的环境类别   表 1-1

环境类别	条件
一	室内干燥环境 无侵蚀性静水浸没环境
二 a	室内潮湿环境 非严寒和非寒冷地区的露天环境 非严寒和非寒冷地区与无侵蚀性的水或土壤直接接触的环境 严寒和寒冷地区的冰冻线以下与无侵蚀性的水或土壤直接接触的环境
二 b	干湿交替环境 水位频繁变动环境 严寒和寒冷地区的露天环境 严寒和寒冷地区冰冻线以上与无侵蚀性的水或土壤直接接触的环境
三 a	严寒和寒冷地区冬季水位变动区环境 受除冰盐影响环境 海风环境
三 b	盐渍土环境 受除冰盐作用环境 海岸环境
四	海水环境
五	受人为或自然的侵蚀性物质影响的环境

注：1. 室内潮湿环境是指构件表面经常处于结露或湿润状态的环境。
　　2. 严寒和寒冷地区的划分应符合国家现行标准《民用建筑热工设计规范》(GB 50176—1993) 的有关规定。
　　3. 海岸环境和海风环境宜根据当地情况，考虑主导风向及结构所处迎风、背风部位等因素的影响，由调查研究和工程经验确定。
　　4. 受除冰盐影响环境是指受到除冰盐盐雾影响的环境；受除冰盐作用环境是指被除冰盐溶液溅射的环境以及使用除冰盐地区的洗车房、停车楼等建筑。
　　5. 暴露的环境是指据凝土结构表面所处的环境。

6. 钢筋的混凝土保护层有哪些作用？

混凝土结构中，钢筋并不外露而是被包裹在混凝土里面。由钢筋外边缘到混凝土表面的最小距离称为保护层厚度。保护层厚度的规定是为了满足结构构件的耐久性要求和对受力钢筋有效锚固的要求，混凝土保护层的作用主要体现在：

（1）钢筋与混凝土之间的粘结锚固

混凝土结构中钢筋能够受力是由于其与周围混凝土之间的粘结锚固作用。受力钢筋与混凝土之间的咬合作用是构成粘结锚固的主要成分，这很大程度上取决于混凝土保护层的厚度，混凝土保护层越厚，则粘结锚固作用越大。

（2）保护钢筋免遭锈蚀

混凝土结构的突出优点是耐久性好。这是由于混凝土的碱性环境使包裹在其中的钢筋表面形成钝化膜而不易锈蚀。但是碳化和脱钝会影响这种耐久性而使钢筋遭受锈蚀。碳化的时间与混凝土的保护层厚度有关，因此一定的混凝土保护层厚度是保证结构耐久性的必要条件。

（3）对构件受力有效高度的影响

从锚固和耐久性的角度，钢筋在混凝土中的保护层厚度应该越大越好；然而从受力的角度来讲，则正好相反。保护层厚度越大，构件截面有效高度就越小，结构构件的抗力将受到削弱。因此，确定混凝土保护层厚度应综合考虑锚固、耐久性及有效高度三个因素。在能保证锚固和耐久性的条件下可尽量取较小的保护层厚度。

7. 16G101 图集对纵向受力钢筋的混凝土保护层的最小厚度有哪些规定？

16G101 图集中规定纵向受力钢筋的混凝土保护层的最小厚度应符合表 1-2 的要求。

混凝土保护层的最小厚度（mm）   表 1-2

环境类别	板、墙	梁、柱
一	15	20
二 a	20	25
二 b	25	35
三 a	30	40
三 b	40	50

注：1. 表中混凝土保护层厚度指最外层钢筋外边缘至混凝土表面的距离，适用于设计使用年限为 50 年的混凝土结构。
    2. 构建中受力钢筋的保护层厚度不应小于钢筋的公称直径。
    3. 一类环境中，设计使用年限为 100 年的结构最外层钢筋的保护层厚度不应小于表中数值的 1.4 倍；二、三类环境中，设计使用年限为 100 年的结构应采取专门的有效措施。
    4. 混凝土强度等级不大于 C25 时，表中保护层厚度数值应增加 5。
    5. 基础地面钢筋的保护层厚度，有混凝土垫层时应从垫层顶面算起，且不应小于 40mm。

8. 梁纵向钢筋间距有哪些规定？

梁上部纵向钢筋水平方向的净间距（钢筋外边缘之间的最小距离）不应小于 30mm 和 1.5d；下部纵向钢筋水平方向的净间距不应小于 25mm 和 d。梁的下部纵向钢筋配置多于两层时，两层以上钢筋水平方向的中距应比下面两层的中距增大 1 倍。各层钢筋之间的净间距不应小于 25mm 和 d（d 为钢筋的最大直径），如图 1-1 所示。

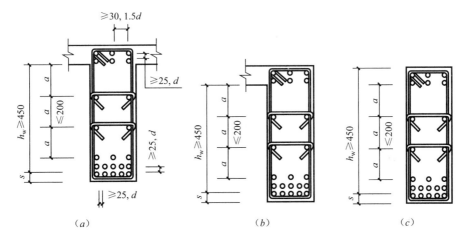

图 1-1　梁纵向钢筋间距

当梁的腹板高度 $h_w \geqslant 450$mm 时，在梁的两个侧面应沿高度配置纵向构造钢筋，其间距 a 不宜大于 200mm。（图 1-1 中，s 为梁底至梁下部纵向受拉钢筋合力点距离。当梁下部纵向钢筋为一层时，s 取至钢筋中心位置；当梁下部纵筋为两层时，s 可近似取值为 60mm）。当设计注明梁侧面纵向钢筋为抗扭钢筋时，侧面纵向钢筋应均匀布置。

9. 柱纵向钢筋间距有哪些规定？

柱中纵向受力钢筋的净间距不应小于 50mm，且不宜大于 300mm；抗震且截面尺寸大于 400mm 的柱，纵向钢筋的间距不宜大于 200mm，如图 1-2 所示。

10. 剪力墙分布钢筋间距有哪些规定？

混凝土剪力墙水平分布钢筋及竖向分布钢筋间距（中心距）不宜大于 300mm。部分框支剪力墙结构的底部加强部位，剪力墙水平和竖向分布钢筋间距不宜大于 200mm，如图 1-3 所示。

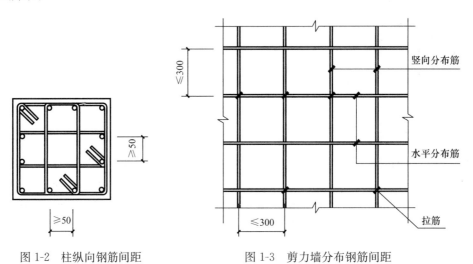

图 1-2　柱纵向钢筋间距　　　　　　图 1-3　剪力墙分布钢筋间距

11. 什么是钢筋的锚固？受拉钢筋的锚固长度如何确定？

为保证构件内的钢筋能够很好地受力，当钢筋伸入支座或在跨中截断时，必须伸出一定长度，依靠这一长度上的粘结力把钢筋锚固在混凝土中，此长度称为锚固长度。

试验证明，随着锚固长度的增加，锚固抗力增长。当锚固抗力等于钢筋的屈服强度时，相应的锚固长度可称为临界锚固长度。这是保证受力钢筋直到屈服也不会发生锚固破坏的最小锚固长度。钢筋屈服后进入强化阶段，随着锚固长度的增加，锚固抗力还能增长。当锚固抗力等于钢筋的抗拉强度时，相应的锚固长度称为极限锚固长度。显然，超过极限锚固长度的锚固段在锚固抗力中将不再起作用。而规范规定的设计锚固长度值应大于临界锚固长度，而小于极限锚固长度。前者是为了保证钢筋承载的基本性能，而后者是因为过大的锚固长度则是多余。

当计算中充分利用钢筋的抗拉强度时，受拉钢筋的锚固应符合下列要求：

基本锚固长度应按下列公式计算：

$$l_{ab} = \alpha \cdot \frac{f_y}{f_t} d \qquad (1\text{-}1)$$

$$l_{ab} = \alpha \cdot \frac{f_{py}}{f_t} d \qquad (1\text{-}2)$$

式中 l_{ab}——受拉钢筋的基本锚固长度；

f_y、f_{py}——普通钢筋、预应力筋的抗拉强度设计值，其取值见表1-3、表1-4；

普通钢筋强度设计值（N/mm²） 表1-3

牌号	抗拉强度设计值 f_y
HPB300	270
HRB335	300
HRB400、HRBF400、RRB400	360
HRB500、HRBF500	435

预应力筋强度设计值（N/mm²） 表1-4

种类	抗拉强度设计值 f_{py}
中强度预应力钢丝	510
	650
	810
消除应力钢丝	1040
	1110
	1320
钢绞线	1110
	1220
	1320
	1390
预应力螺纹钢筋	650
	770
	900

注：当预应力筋的强度标准值不符合本表的规定时，其强度设计值应进行相应的比例换算。

f_t——混凝土轴心抗拉强度设计值，当混凝土强度等级高于C60时，按C60取值，取值见表1-5；

混凝土轴心抗拉强度设计值（N/mm²） 表1-5

强度	混凝土强度等级													
	C15	C20	C25	C30	C35	C40	C45	C50	C55	C60	C65	C70	C75	C80
f_t	0.91	1.10	1.27	1.43	1.57	1.71	1.80	1.89	1.96	2.04	2.09	2.14	2.18	2.22

d——锚固钢筋的直径；

α——锚固钢筋的外形系数，按表1-6取用。

受拉钢筋的锚固长度应根据具体锚固条件按下列公式计算，且不应小于200mm：

锚固钢筋的外形系数 α 表 1-6

钢筋类型	光圆钢筋	带肋钢筋	螺旋肋钢丝	三股钢绞线	七股钢绞线
α	0.16	0.14	0.13	0.16	0.17

注：光面钢筋末端应做 180°弯钩，弯后平直段长度不应小于 $3d$，但作受压钢筋时可不做弯钩。

$$l_a = \zeta_a l_{ab} \qquad (1\text{-}3)$$

抗震锚固长度的计算公式为：

$$l_{aE} = \zeta_{aE} l_a \qquad (1\text{-}4)$$

式中　l_a——受拉钢筋的锚固长度，见表 1-7；

受拉钢筋锚固长度 l_a 表 1-7

钢筋种类	混凝土强度等级																
	C20	C25		C30		C35		C40		C45		C50		C55		≥C60	
	$d\leqslant25$	$d\leqslant25$	$d>25$	$d\leqslant25$	$d>25$	$d\leqslant25$	$d>25$	$d\leqslant25$	$d>25$	$d\leqslant25$	$d>25$	$d\leqslant25$	$d>25$	$d\leqslant25$	$d>25$	$d\leqslant25$	$d>25$
HPB300	$39d$	$34d$	—	$30d$	—	$28d$	—	$25d$	—	$24d$	—	$23d$	—	$22d$	—	$21d$	—
HRB335	$38d$	$33d$	—	$29d$	—	$27d$	—	$25d$	—	$23d$	—	$22d$	—	$21d$	—	$21d$	—
HRB400、HRBF400 RRB400	—	$40d$	$44d$	$35d$	$39d$	$32d$	$35d$	$29d$	$32d$	$28d$	$31d$	$27d$	$30d$	$26d$	$29d$	$25d$	$28d$
HRB500、HRBF500	—	$48s$	$53d$	$43d$	$47d$	$39d$	$43d$	$36d$	$40d$	$34d$	$37d$	$32d$	$35d$	$31d$	$34d$	$30d$	$33d$

l_{aE}——纵向受拉钢筋的抗震锚固长度，见表 1-8；

受拉钢筋抗震锚固长度 l_{aE} 表 1-8

钢筋种类		混凝土强度等级																
		C20	C25		C30		C35		C40		C45		C50		C55		≥C60	
		$d\leqslant25$	$d\leqslant25$	$d>25$	$d\leqslant25$	$d>25$	$d\leqslant25$	$d>25$	$d\leqslant25$	$d>25$	$d\leqslant25$	$d>25$	$d\leqslant25$	$d>25$	$d\leqslant25$	$d>25$	$d\leqslant25$	$d>25$
HPB300	一、二级	$45d$	$39d$	—	$35d$	—	$32d$	—	$29d$	—	$28d$	—	$26d$	—	$25d$	—	$24d$	—
	三级	$41d$	$36d$	—	$32d$	—	$29d$	—	$26d$	—	$25d$	—	$24d$	—	$23d$	—	$22d$	—
HRB335	一、二级	$44d$	$38d$	—	$33d$	—	$31d$	—	$29d$	—	$26d$	—	$25d$	—	$24d$	—	$24d$	—
	三级	$40d$	$35d$	—	$30d$	—	$28d$	—	$26d$	—	$24d$	—	$23d$	—	$22d$	—	$22d$	—
HRB400 HRBF400	一、二级	—	$46d$	$51d$	$40d$	$45d$	$37d$	$40d$	$33d$	$37d$	$32d$	$36d$	$31d$	$35d$	$30d$	$33d$	$29d$	$32d$
	三级	—	$42d$	$46d$	$37d$	$41d$	$34d$	$37d$	$30d$	$34d$	$29d$	$33d$	$28d$	$32d$	$27d$	$30d$	$26d$	$29d$
HRB500 HRBF500	一、二级	—	$55d$	$61d$	$49d$	$54d$	$45d$	$49d$	$41d$	$46d$	$39d$	$43d$	$37d$	$40d$	$36d$	$39d$	$35d$	$38d$
	三级	—	$50d$	$56d$	$45d$	$49d$	$41d$	$45d$	$38d$	$42d$	$36d$	$39d$	$34d$	$37d$	$33d$	$36d$	$32d$	$35d$

注：1. 当为环氧树脂涂层带肋钢筋时，表中数据尚应乘以 1.25。
2. 当纵向受拉钢筋在施工过程中易受扰动时，表中数据尚应乘以 1.1。
3. 当锚固长度范围内纵向受力钢筋周边保护层厚度为 $3d$、$5d$（d 为锚固钢筋的直径）时，表中数据可分别乘以 0.8、0.7；中间时按内插值。
4. 当纵向受拉普通钢筋锚固长度修正系数（注 1～注 3）多于一项时，可按连乘计算。
5. 受拉钢筋的锚固长度 l_a、l_{aE} 计算值不应小于 200mm。
6. 四级抗震时，$l_{aE}=l_a$。
7. 当锚固钢筋的保护层厚度不大于 $5d$ 时，锚固钢筋长度范围内应设置横向构造钢筋，其直径不应小于 $d/4$（d 为锚固钢筋的最大直径）；对梁、柱等构件间距不应大于 $5d$，对板、墙等构件间距不应大于 $10d$，且均不应大于 100（d 为锚固钢筋的最小直径）。
8. HPB300 级钢筋末端应做 180°弯钩，做法详见图 1-4。

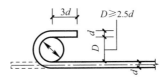

图 1-4　光圆钢筋末端 180°弯钩

ζ_a——锚固长度修正系数，按表 1-9 的规定取用，当多于一项时，可按连乘计算，但不应小于 0.6；对预应力筋，可取 1.0。

受拉钢筋锚固长度修正系数 ζ_a　　　表 1-9

锚固条件		ζ_a	
带肋钢筋的公称直径大于 25		1.10	
环氧树脂涂层带肋钢筋		1.25	
施工过程中易受扰动的钢筋		1.10	
锚固区保护层厚度	3d	0.80	注：中间时按内插值。d 为锚固钢筋的直径
	5d	0.70	

ζ_{aE}——抗震锚固长度修正系数，对一、二级抗震等级取 1.15，对三级抗震等级取 1.05，对四级抗震取 1.00。

当锚固钢筋保护层厚度不大于 5d 时，锚固长度范围内应配置横向构造钢筋，其直径不应小于 d/4；对梁、柱等杆状构件间距不应大于 5d，对板、墙等平面构件间距不大于 10d，且均不应小于 100，此处 d 为锚固钢筋的直径。

为了方便施工人员使用，16G101 图集将混凝土结构中常用的钢筋和各级混凝土强度等级组合，将受拉钢筋锚固长度值计算得钢筋直径的整倍数形式，编制成表格，见表 1-10、表 1-11。

受拉钢筋基本锚固长度 l_{ab}　　　表 1-10

钢筋种类	混凝土强度等级								
	C20	C25	C30	C35	C40	C45	C50	C55	≥C60
HPB300	39d	34d	30d	28d	25d	24d	23d	22d	21d
HRB335	38d	33d	29d	27d	25d	23d	22d	21d	21d
HRB400、HRBF400、RRB400	—	40d	35d	32d	29d	28d	27d	26d	25d
HRB500、HRBF500	—	48d	43d	39d	36d	34d	32d	31d	30d

抗震设计时受拉钢筋基本锚固长度 l_{abE}　　　表 1-11

钢筋种类		混凝土强度等级								
		C20	C25	C30	C35	C40	C45	C50	C55	≥C60
HPB300	一、二级	45d	39d	35d	32d	29d	28d	26d	25d	24d
	三级	41d	36d	32d	29d	26d	25d	24d	23d	22d
HRB335	一、二级	44d	38d	33d	31d	29d	26d	25d	24d	24d
	三级	40d	35d	31d	28d	26d	24d	23d	22d	22d
HRB400 HRBF400	一、二级	—	46d	40d	37d	33d	32d	31d	30d	29d
	三级	—	42d	37d	34d	30d	29d	28d	27d	26d
HRB500 HRBF500	一、二级	—	55d	49d	45d	41d	39d	37d	36d	35d
	三级	—	50d	45d	41d	38d	36d	34d	33d	32d

注：1. 四级抗震时，$l_{abE}=l_{ab}$。

　　2. 当锚固钢筋的保护层厚度不大于 5d 时，锚固钢筋长度范围内应设置横向构造钢筋，其直径不应小于 d/4（d 为锚固钢筋的最大直径）；对梁、柱等构件间距不应大于 5d，对板、墙等构件间距不大于 10d，且均不应大于 100mm（d 为锚固钢筋的最小直径）。

当钢筋锚固长度有限而靠自身的锚固性能又无法满足受力钢筋承载力的要求时，可以在钢筋末端配置弯钩和采用机械锚固。这是减小锚固长度的有效方式，其原理是利用受力钢筋端部锚头（弯钩、贴焊锚筋、焊接锚板或螺栓锚头）对混凝土的局部挤压作用加大锚固承载力。锚头对混凝土的局部挤压保证了钢筋不会发生锚固拔出破坏，但锚头前必须有一定的直段锚固长度，以控制锚固钢筋的滑移，使构件不致发生较大的裂缝和变形。因此，当纵向受拉普通钢筋末端采用钢筋弯钩或机械锚固措施时，包括弯钩或锚固端头在内的锚固长度（投影长度）可取为基本锚固长度 l_{ab} 的 60%。弯钩和机械锚固的形式（图 1-5）和技术要求应符合表 1-12 的规定。

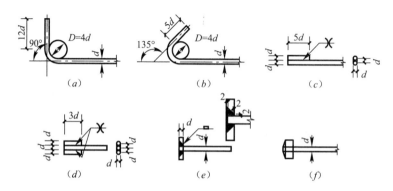

图 1-5 弯钩和机械锚固的形式和技术要求

（a）末端带 90°弯钩；（b）末端带 135°弯钩；（c）末端一侧贴焊锚筋；
（d）末端两侧贴焊锚筋；（e）末端与钢板穿孔塞焊；（f）末端带螺栓锚头

钢筋弯钩和机械锚固的形式和技术要求　　　　　　　　　　　表 1-12

锚固形式	技术要求
90°弯钩	末端 90°弯钩，弯钩内径 $4d$，弯后直段长度 $12d$
135°弯钩	末端 135°弯钩，弯钩内径 $4d$，弯后直段长度 $5d$
一侧贴焊锚筋	末端一侧贴焊长 $5d$ 同直径钢筋
两侧贴焊锚筋	末端两侧贴焊长 $3d$ 同直径钢筋
焊端锚板	末端与厚度 d 的锚板穿孔塞焊
螺栓锚头	末端旋入螺栓锚头

注：1. 焊缝和螺纹长度应满足承载能力要求。
2. 螺栓锚头或焊接锚板的承压净面积应不小于锚固钢筋计算截面积的 4 倍。
3. 螺栓锚头的规格应符合相关标准的要求。
4. 螺栓锚头和焊接锚板的钢筋净间距不宜小于 $4d$，否则应考虑群锚效应的不利影响。
5. 截面角部的弯钩和一侧贴焊锚筋的布筋方向宜向截面内侧偏置。

12. 什么是钢筋连接机理？

钢筋连接可采用绑扎搭接、机械连接或焊接。这三种形式各自适用于一定的工程条件。各种类型钢筋接头的传力性能（强度、变形、恢复力、破坏状态等）均不如直接传力的整根钢筋，任何形式的钢筋连接均会削弱其传力性能。因此，钢筋连接的基本原则为：连接接头设置在受力较小处；限制钢筋在构件同一跨度或同一层高内的接头数量；避开结构的关键受力部位，如柱端、梁端的箍筋加密区，并限制接头面积百分率等。

无论是哪种连接形式，均应与连续贯通的整体钢筋相比，在受力性能上满足以下基本要求：

（1）承载力（强度）

被连接的钢筋应能完成应力的可靠传递，即一端钢筋的承载力应能不打折扣地通过连接区段传递到另一钢筋上，等强传力是所有钢筋连接的起码要求。

（2）刚度（变形性能）

将连接区域视为特殊的钢筋段，其抵抗变形的能力（变形模量）应接近被连接的钢筋（弹性模量）；否则，将会在接头区域引起较大的伸长变形，导致明显的裂缝。被连接钢筋变形模量降低，还会造成其与同一区域未被连接整体钢筋之间应力分配的差异。受力钢筋之间受力的不均匀，将导致截面承载力削弱。

（3）延性（断裂形态）

被连接的热轧钢筋均具有良好的延性，均匀伸长率（δ_{gt}）都在10%以上，且在发生颈缩变形后才可能被拉断，具有明显的预兆。如连接手段（焊接、挤压、冷镦等）引起钢材性能的变化，则可能在连接区段发生无预兆的脆性断裂，影响钢筋连接的质量。

（4）恢复性能

结构上的荷载是变动、不定的，偶然的超载可能引起裂缝及较大的变形（挠度）。但只要钢筋未屈服，超载消失以后钢筋的弹性回缩可以基本闭合裂缝及恢复挠度。钢筋的连接接头应具有相似的性能。如果接头受力变形而不能回复，则连接区段将成为变形集中，裂缝宽大的薄弱区段。

（5）疲劳性能

在高周交变荷载作用下，钢筋的连接区段应具有必要的抵抗疲劳的能力。这对于承受疲劳荷载作用的构件（吊车梁、桥梁等）具有重要意义。

（6）耐久性

任何连接接头均应不致引起抗腐蚀性能的降低而影响混凝土结构的耐久性。

13. 钢筋连接有哪些类型？

（1）绑扎搭接

绑扎搭接是一种比较可靠的钢筋连接方式，由于其施工简便而得到广泛应用。只要遵循规范的有关规定，这种连接方式完全可以满足钢筋传力的基本要求。但对直径较粗的受力钢筋，绑扎搭接施工不便，且连接区域容易发生较宽裂缝。因此，随着近年钢筋强度提高以及各种机械连接技术的发展，根据工程经验及接头性质，《混凝土结构设计规范（2015年版）》（GB 50010—2010）中规定：

1）纵向受拉钢筋的搭接长度计算

轴心受拉及小偏心受拉杆件的纵向受力钢筋不得采用绑扎搭接；其他构件中的钢筋采用绑扎搭接时，受拉钢筋直径不宜大于25mm，受压钢筋直径不宜大于28mm。

纵向受拉钢筋绑扎搭接接头的搭接长度，应根据位于同一连接区段内的钢筋搭接接头面积百分率按下列公式计算，且不应小于300mm。

$$l_l = \zeta_l l_a \tag{1-5}$$

抗震绑扎搭接长度的计算公式为：

$$l_{lE} = \zeta_l l_{aE} \tag{1-6}$$

式中　l_l——纵向受拉钢筋的搭接长度，见表 1-13；

纵向受拉钢筋搭接长度 l_l　　　　　　表 1-13

钢筋种类		混凝土强度等级																
		C20	C25		C30		C35		C40		C45		C50		C55		≥C60	
		$d{\leq}25$	$d{\leq}25$	$d{>}25$	$d{\leq}25$	$d{>}25$	$d{\leq}25$	$d{>}25$	$d{\leq}25$	$d{>}25$	$d{\leq}25$	$d{>}25$	$d{\leq}25$	$d{>}25$	$d{\leq}25$	$d{>}25$	$d{\leq}25$	$d{>}25$
HPB300	≤25%	47d	41d	—	36d	—	34d	—	30d	—	29d	—	28d	—	26d	—	25d	—
	50%	55d	48d	—	42d	—	39d	—	35d	—	34d	—	32d	—	31d	—	29d	—
	100%	62d	54d	—	48d	—	45d	—	40d	—	38d	—	37d	—	35d	—	34d	—
HRB335	≤25%	46d	40d	—	35d	—	32d	—	30d	—	28d	—	26d	—	25d	—	25d	—
	50%	53d	46d	—	41d	—	38d	—	35d	—	32d	—	31d	—	29d	—	29d	—
	100%	61d	53d	—	46d	—	43d	—	40d	—	37d	—	35d	—	34d	—	34d	—
HRB400 HRBF400 RRB400	≤25%	—	48d	53d	42d	47d	38d	42d	35d	38d	34d	37d	32d	36d	31d	35d	30d	34d
	50%	—	56d	62d	49d	55d	45d	49d	41d	45d	39d	43d	38d	42d	36d	41d	35d	39d
	100%	—	64d	70d	56d	62d	51d	56d	46d	51d	45d	50d	43d	48d	42d	46d	40d	45d
HRB500 HRBF500	≤25%	—	58d	64d	52d	56d	47d	52d	43d	48d	41d	44d	38d	42d	37d	41d	36d	40d
	50%	—	67d	74d	60d	66d	55d	60d	50d	56d	48d	52d	45d	49d	43d	48d	42d	46d
	100%	—	77d	85d	69d	75d	62d	69d	58d	64d	54d	59d	51d	56d	50d	54d	48d	53d

注：1. 表中数值为纵向受拉钢筋绑扎搭接接头的搭接长度。
2. 两根不同直径钢筋搭接时，表中 d 取较细钢筋直径。
3. 当为环氧树脂涂层带肋钢筋时，表中数据尚应乘以 1.25。
4. 当纵向受拉钢筋在施工过程中易受扰动时，表中数据尚应乘以 1.1。
5. 当搭接长度范围内纵向受力钢筋周边保护层厚度为 $3d$、$5d$（d 为搭接钢筋的直径）时，表中数据尚可分别乘以 0.8、0.7；中间时按内插值。
6. 当上述修正系数（注 3～注 5）多于一项时，可按连乘计算。
7. 当位于同一连接区段内的钢筋搭接接头面积百分率为表中数据中间值时，搭接长度可按内插取值。
8. 任何情况下，搭接长度不应小于 300。
9. HPB300 级钢筋末端应做 180°弯钩，做法详见图 1-4。

l_{lE}——纵向抗震受拉钢筋的搭接长度，见表 1-14；

纵向受拉钢筋抗震搭接长度 l_{lE}　　　　　表 1-14

钢筋种类			混凝土强度等级																
			C20	C25		C30		C35		C40		C45		C50		C55		≥C60	
			$d{\leq}25$	$d{\leq}25$	$d{>}25$	$d{\leq}25$	$d{>}25$	$d{\leq}25$	$d{>}25$	$d{\leq}25$	$d{>}25$	$d{\leq}25$	$d{>}25$	$d{\leq}25$	$d{>}25$	$d{\leq}25$	$d{>}25$	$d{\leq}25$	$d{>}25$
一、二级抗震等级	HPB300	≤25%	54d	47d	—	42d	—	38d	—	35d	—	34d	—	31d	—	30d	—	29d	—
		50%	63d	55d	—	49d	—	45d	—	41d	—	39d	—	36d	—	35d	—	34d	—
	HRB335	≤25%	53d	46d	—	40d	—	37d	—	35d	—	31d	—	30d	—	29d	—	29d	—
		50%	62d	53d	—	46d	—	43d	—	41d	—	36d	—	35d	—	34d	—	34d	—
	HRB400 HRBF400	≤25%	—	55d	61d	48d	54d	44d	48d	40d	44d	38d	43d	37d	42d	36d	40d	35d	38d
		50%	—	64d	71d	56d	63d	52d	56d	46d	52d	45d	50d	43d	49d	42d	46d	41d	45d
	HRB500 HRBF500	≤25%	—	66d	73d	59d	65d	54d	59d	49d	55d	47d	52d	44d	48d	43d	47d	42d	46d
		50%	—	77d	85d	69d	76d	63d	69d	57d	64d	55d	60d	52d	56d	50d	55d	49d	53d

续表

钢筋种类		混凝土强度等级															
		C20	C25		C30		C35		C40		C45		C50		C55		≥C60
		$d{\leqslant}25$	$d{\leqslant}25$	$d{>}25$	$d{\leqslant}25$	$d{>}25$	$d{\leqslant}25$	$d{>}25$	$d{\leqslant}25$	$d{>}25$	$d{\leqslant}25$	$d{>}25$	$d{\leqslant}25$	$d{>}25$	$d{\leqslant}25$	$d{>}25$	$d{\leqslant}25$	$d{>}25$
三级抗震等级	HPB300 ≤25%	49d	43d	—	38d	—	35d	—	31d	—	30d	—	29d	—	28d	—	26d	—
	HPB300 50%	57d	50d	—	45d	—	41d	—	36d	—	25d	—	34d	—	32d	—	31d	—
	HRB335 ≤25%	48d	42d	—	36d	—	34d	—	31d	—	29d	—	28d	—	26d	—	26d	—
	HRB335 50%	56d	49d	—	42d	—	39d	—	36d	—	34d	—	32d	—	31d	—	31d	—
	HRB400 HRBF400 ≤25%	—	50d	55d	44d	49d	41d	44d	36d	41d	35d	40d	34d	38d	32d	36d	31d	35d
	HRB400 HRBF400 50%	—	59d	64d	52d	57d	48d	52d	42d	48d	41d	46d	39d	45d	38d	42d	36d	41d
	HRB500 HRBF500 ≤25%	—	60d	67d	54d	59d	49d	54d	46d	50d	43d	47d	41d	44d	40d	43d	38d	42d
	HRB500 HRBF500 50%	—	70d	78d	63d	69d	57d	63d	53d	59d	50d	55d	48d	52d	46d	50d	45d	49d

注：1. 表中数值为纵向受拉钢筋绑扎搭接接头的搭接长度。
　　2. 两根不同直径钢筋搭接时，表中 d 取较细钢筋直径。
　　3. 当为环氧树脂涂层带肋钢筋时，表中数据尚应乘以 1.25。
　　4. 当纵向受拉钢筋在施工过程中易受扰动时，表中数据尚应乘以 1.1。
　　5. 当搭接长度范围内纵向受力钢筋周边保护层厚度为 3d、5d（d 为搭接钢筋的直径）时，表中数据尚可分别乘以 0.8、0.7；中间时按内插值。
　　6. 当上述修正系数（注 3～注 5）多于一项时，可按连乘计算。
　　7. 当位于同一连接区段内的钢筋搭接接头面积百分率为 100% 时，$l_{lE}=1.6l_{aE}$。
　　8. 当位于同一连接区段内的钢筋搭接接头面积百分率为表中数据中间值时，搭接长度可按内插取值。
　　9. 任何情况下，搭接长度不应小于 300。
　　10. 四级抗震等级时，$l_{lE}=l_l$。
　　11. HPB300 级钢筋末端应做 180°弯钩，做法详见图 1-4。

ζ_l——纵向受拉钢筋搭接长度的修正系数，按表 1-15 取用。当纵向搭接钢筋接头面积百分率为表的中间值时，修正系数可按内插取值。

纵向受拉钢筋搭接长度修正系数　　　　　　　　　　表 1-15

纵向搭接钢筋接头面积百分率（%）	≤25	50	100
ζ_l	1.2	1.4	1.6

同一构件中相邻纵向受力钢筋的绑扎搭接接头宜互相错开。钢筋绑扎搭接接头连接区段的长度为 1.3 倍搭接长度，凡搭接接头中点位于该连接区段长度内的搭接接头均属于同一连接区段（图 1-6）。同一连接区段内纵向受力钢筋搭接接头面积百分率为该区段内有搭接接头的纵向受力钢筋与全部纵向受力钢筋截面面积的比值。当直径不同的钢筋搭接时，按直径较小的钢筋计算。

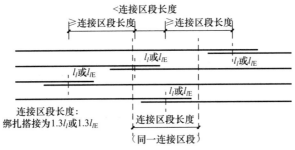

图 1-6　同一连接区段内纵向受拉钢筋的绑扎搭接接头

注：图中所示同一连接区段内的搭接接头钢筋为两根，当钢筋直径相同时，钢筋搭接接头面积百分率为 50%。

位于同一连接区段内的受拉钢筋搭接接头面积百分率：对梁类、板类及墙类构件，不宜大于 25%；对柱类构件，不宜大于 50%。当工程中确有必要增大受拉钢筋搭接接头面积百分率时，对梁类构件，不宜大于 50%；对板、墙、柱及预制构件的拼接处，可根据实际情况放宽。

并筋采用绑扎搭接连接时，应按每根单筋错开搭接的方式连接。接头面积百分率应按同一连接区段内所有的单根钢筋计算。并筋中钢筋的搭接长度应按单筋分别计算。

2）纵向受压钢筋的搭接长度

构件中的纵向受压钢筋当采用搭接连接时，其受压搭接长度不应小于纵向受拉钢筋搭接长度的 70%，且不应小于 200mm。

3）纵向受力钢筋搭接长度范围内应配置加密箍筋

在梁、柱类构件的纵向受力钢筋搭接长度范围内的构造钢筋直径大于 25mm 时，尚应在搭接接头两个端面外 100mm 的范围内，各设置两道箍筋。

4）纵向受力钢筋的非接触搭接

纵向钢筋的非接触搭接连接，其实质是两根钢筋在其搭接范围混凝土内的分别锚固，实现混凝土对钢筋的完全握裹，从而能使混凝土对钢筋产生足够高的锚固效应，进而实现受拉钢筋的可靠锚固，完成可靠的钢筋搭接连接。

纵向受力钢筋的搭接构造如图 1-7 所示。

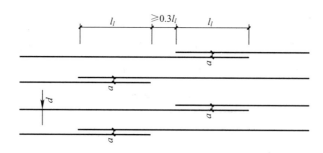

图 1-7　非接触纵向钢筋搭接构造

非接触搭接可用于条形基础底板、梁板式筏形基础平板中纵向钢筋的连接。

（2）机械连接

钢筋的机械连接是通过连贯于两根钢筋外的套筒来实现传力。套筒与钢筋之间力的过渡是通过机械咬合力。机械连接的主要形式有挤压套筒连接；镦粗直螺纹连接；锥螺纹套筒连接等，各类钢筋机械连接方法的适用范围见表 1-16。套筒内加楔劈连接或灌注环氧树脂或其他材料的各类新的连接形式也正在开发。

机械连接方法的使用范围　　　　　　　　　　　　　表 1-16

机械连接方法	适用范围	
	钢筋级别	钢筋直径（mm）
挤压套筒连接	HRB335、HRB400、RRB400	16～40
镦粗直螺纹连接	HRB335、HRB400	16～40
锥螺纹套筒连接	HRB335、HRB400、RRB400	16～40

纵向受力钢筋的机械连接接头宜相互错开。钢筋机械连接区段的长度为 $35d$，d 为连接钢筋的较小直径。凡接头中点位于该连接区段长度内的机械连接接头，均属于同一连接区段，如图 1-8 所示。

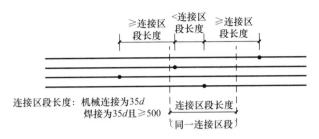

图 1-8　同一连接区段内纵向受拉钢筋机械连接、焊接接头

位于同一连接区段内的纵向受拉钢筋接头面积百分率不宜大于 50%；但对板、墙、柱及预制构件的拼接处，可根据实际情况放宽。纵向受压钢筋的接头百分率可不受限制。

直接承受动力荷载结构构件中的机械连接接头，除应满足设计要求的抗疲劳性能外，位于同一连接区段内的纵向受力钢筋接头面积百分率不应大于 50%。

（3）焊接连接

纵向受力钢筋焊接连接的方法有闪光对焊、电渣压力焊等，如图 1-9 所示。

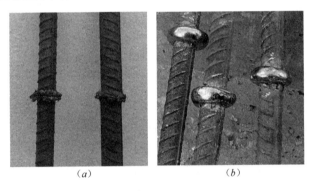

图 1-9　常见纵向受力钢筋焊接连接方式
（a）闪光对焊；（b）电渣压力焊

细晶粒热轧带肋钢筋以及直径大于 28mm 的带肋钢筋，其焊接应经试验确定；余热处理钢筋不宜焊接。

纵向受力钢筋的焊接接头应相互错开。钢筋焊接接头连接区段的长度为 $35d$ 且不小于 500mm，d 为连接钢筋的较小直径，凡接头中点位于该连接区段长度内的焊接接头，均属于同一连接区段，如图 1-6 所示。

纵向受拉钢筋的接头面积百分率不宜大于 50%，但对预制构件的拼接处，可根据实际情况放宽。纵向受压钢筋的接头百分率可不受限制。

14. 柱、剪力墙中的箍筋和拉筋包含哪些内容？其构造如何？

梁、柱、剪力墙中的箍筋和拉筋的主要内容有：弯钩角度为 135°；水平段长度 l_h 取

max(10d，75mm)，d 为箍筋直径。

通常，箍筋应做成封闭式，拉筋要求应紧靠纵向钢筋并同时勾住外封闭箍筋。梁、柱、剪力墙封闭箍筋及拉筋弯钩构造，如图 1-10 所示。

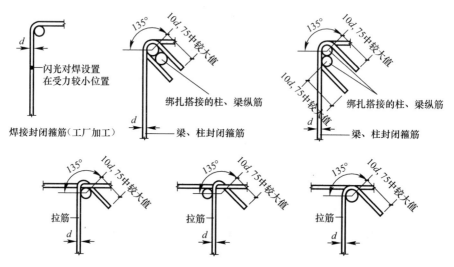

图 1-10　封闭箍筋及拉筋弯钩构造

15. 什么是钢筋代换原则？代换如何计算？

（1）代换原则

1）等强度代换：当构件受强度控制时，钢筋可按强度相等原则进行代换。

2）等面积代换：当构件按最小配筋率配筋时，钢筋可按面积相等原则进行代换。

3）当构件受裂缝宽度或挠度控制时，代换后应进行裂缝宽度或挠度验算。

（2）代换方法

钢筋代换计算式如下：

$$n_2 \geqslant \frac{n_1 d_1^2 f_{y1}}{d_2^2 f_{y2}} \tag{1-7}$$

式中　n_2——代换钢筋根数；

　　　n_1——原设计钢筋根数；

　　　d_2——代换钢筋直径；

　　　d_1——原设计钢筋直径；

　　　f_{y2}——代换钢筋抗拉强度设计值；

　　　f_{y1}——原设计钢筋抗拉强度设计值。

当设计强度相同、直径不同时，钢筋代换用下式计算：

$$n_2 \geqslant n_1 \frac{d_1^2}{d_2^2} \tag{1-8}$$

当直径相同、强度设计值不同时，钢筋代换用下式计算：

$$n_2 \geqslant n_1 \frac{f_{y1}}{f_{y2}} \tag{1-9}$$

钢筋代换后，有时由于受力钢筋直径加大或根数增多而需要增加排数，则构件截面的有效高度 h_0 减小，截面强度降低。通常对这种影响可凭经验适当增加钢筋面积，然后再作截面强度复核。

对矩形截面受弯构件，可根据弯矩相等，按式（1-10）复核截面强度。

$$N_2\left(h_{02} - \frac{N_2}{2f_c b}\right) \geqslant N_1\left(h_{01} - \frac{N_1}{2f_c b}\right) \tag{1-10}$$

式中　N_1——原设计的钢筋拉力，等于 $A_{s1} f_{y1}$（A_{s1} 为原设计钢筋的截面面积，f_{y1} 为原设计钢筋的抗拉强度设计值）；

N_2——代换钢筋拉力，同上；

h_{01}——原设计钢筋的合力点至构件截面受压边缘的距离；

h_{02}——代换钢筋的合力点至构件截面受压边缘的距离；

f_c——混凝土的抗压强度设计值，对 C20 混凝土为 $9.6\mathrm{N/mm^2}$，对 C25 混凝土为 $11.9\mathrm{N/mm^2}$，对 C30 混凝土为 $14.3\mathrm{N/mm^2}$；

b——构件截面宽度。

16. 什么是钢筋弯曲调整值？其下料长度如何计算？

（1）钢筋弯曲调整值

钢筋弯曲调整值又称钢筋"弯曲延伸率"和"度量差值"。这主要是由于钢筋在弯曲过程中，外侧表面受到张拉而伸长，内侧表面受压缩而缩短，钢筋中心线长度基本保持不变。钢筋弯曲后，在弯曲点两侧外包尺寸与中心线之间有一个长度差值，我们称之为钢筋弯曲调整值，也叫度量差值。

（2）钢筋图示长度与下料长度

钢筋图示尺寸（图 1-11）是指构件截面长度减去钢筋混凝土保护层后的长度；钢筋下料长度（图 1-12）是指钢筋图示尺寸减去钢筋弯曲调整值后的长度。这两个概念是不同的。

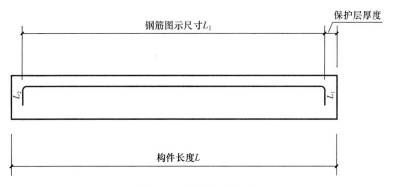

图 1-11　钢筋图示尺寸

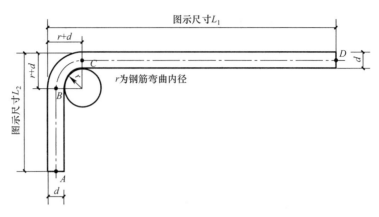

图 1-12　钢筋下料长度计算

钢筋弯曲调整值是钢筋外皮延伸的值，计算公式为：

$$钢筋调整值 = 钢筋弯曲范围内外皮尺寸 - 钢筋弯曲范围内钢筋中心圆弧长$$

$$L_1 = 构件长度 L - 2 \times 保护层厚度$$

$$钢筋弯曲范围内外皮尺寸 = L_1 + L_2 + L_3$$

$$钢筋下料长度 = L_1 + L_2 + L_3 - 2 \times 弯曲调整值$$

钢筋的图示尺寸就是钢筋的预算长度。钢筋的下料长度是钢筋的图示尺寸减去钢筋的弯曲调整值。

根据钢筋中心线不变的原理，图 1-12 中，钢筋下料长度 = AB + BC 弧长 + CD。

设钢筋弯曲 90°，$r = 2.5d$ 时，则有：

$$AB = L_2 - (r + d) = L_2 - 3.5d$$

$$CD = L_1 - (r + d) = L_1 - 3.5d$$

$$BC 弧长 = 2 \times \pi \times (r + d/2) \times 90°/360° = 4.71d$$

$$钢筋下料长度 = L_2 - 3.5d + L_1 - 3.5d + 4.71d = L_1 + L_2 - 2.29d$$

（3）钢筋弯曲内径的取值

1）HPB300 钢筋为受拉时，末端应做 180°弯钩，其弯弧内直径不应小于钢筋直径的 2.5 倍，弯钩弯折后平直部分长度不应小于钢筋直径的 3 倍，但作为受压钢筋时，可不做弯钩。

2）钢筋末端为 135°弯钩时，HRB335 级、HRB400 级钢筋的弯弧内直径不应小于钢筋直径的 4 倍，弯钩的平直部分长度应符合设计要求。

3）钢筋做不大于 90°弯折时，弯折处的弯弧内直径不应小于钢筋直径的 5 倍。

4）框架顶层端节点处，框架梁上部纵筋与柱外侧纵向钢筋在节点角部的弯弧内半径，当钢筋直径 $d \leqslant 25mm$ 时，不宜小于 $6d$；当钢筋直径 $d > 25mm$ 时，不宜小于 $8d$。

不同规格、不同直径甚至不同部位的钢筋弯曲调整值是不同的。用手工精确计算的钢筋弯曲调整值存在较大的计算难度，耗时耗力，就不必要这样精确，但对箍筋与纵筋在不同弯曲直径时，还应进行区分。不过，在软件计算钢筋工程量中，可以实现精细化计算。

1.3　框架结构基本概念

17. 框架结构如何布置？

　　框架结构是由梁、柱组成的框架承重体系，内、外墙仅起围护和分隔的作用。框架结构的优点是能够提供较大的室内空间，平面布置灵活。框架结构布置主要是确定柱在平面上的排列方式（即柱网布置，如图 1-13 所示）和选择结构承重方案，需满足建筑平面及使用要求，同时也需使结构受力合理，施工简单。常见的框架结构平面布置图如图 1-14 所示。框架结构的承重方案有三种形式，如图 1-15 所示。

　　（1）横向框架承重

　　主梁沿房屋横向布置，板和连系梁沿房屋纵向布置。

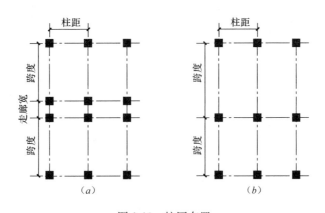

图 1-13　柱网布置

(*a*) 内廊式；(*b*) 跨度组合式

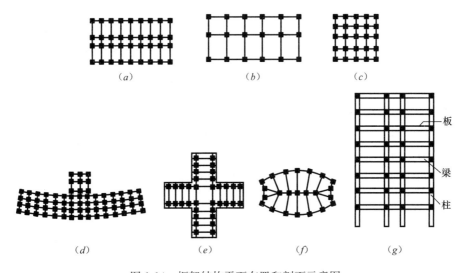

图 1-14　框架结构平面布置和剖面示意图

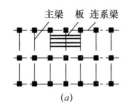 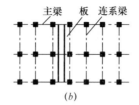 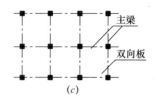

图 1-15　承重框架的布置方案

（a）横向承重；（b）纵向承重；（c）总横向承重

（2）纵向框架承重

主梁沿房屋纵向布置，板和连系梁沿房屋横向布置。

（3）纵、横向框架承重

房屋的纵、横向都布置承重框架，楼盖常采用现浇双向板或井字梁楼盖。

18. 框架结构的受力特点有哪些?

框架结构在水平荷载下表现出抗侧移刚度小，水平位移大的特点，属于柔性结构，随着房屋层数的增加，水平荷载逐渐增大，将因侧移过大而不能满足要求。

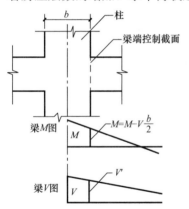

图 1-16　梁端控制截面弯矩及剪力

作用在多、高层建筑结构上的荷载有竖向荷载和水平荷载。竖向荷载包括恒载和楼（屋）面活荷载，水平荷载包括风荷载和水平地震作用。

（1）框架梁

框架梁是受弯构件，由内力组合求得控制截面的最不利弯矩和剪力后，按正截面受弯承载力计算方法确定所需要的纵筋数量，按斜截面受剪承载力计算方法确定所需的箍筋数量，再采取相应的构造措施。

对于框架梁，其控制截面通常是两个支座截面及跨中截面。梁支座截面是最大负弯矩及最大剪力作用的截面，如图 1-16 所示。而跨中控制截面常常是最大正弯矩作用的截面。

（2）框架柱

框架柱是偏心受压构件，通常采用对称配筋。确定柱中纵筋数量时，应从内力组合中找出最不利的内力进行配筋计算。框架柱除进行正截面受压承载力计算外，还应根据内力组合得到的剪力值进行斜截面抗剪承载力计算，确定柱的箍筋配置。

柱的控制截面为柱的上、下两个端截面。柱的最不利内力可归纳为以下四种类型：$M_{\max}$ 及相应的 N、V；$N_{\max}$ 及相应的 M、V；$N_{\min}$ 及相应的 M、V；M 比较大（但不是最大），而 N 比较小或比较大（不是绝对值最大）。

第2章 柱 结 构

2.1 柱平法施工图制图规则

1. 柱平法施工图包括哪些内容?

（1）图名和比例。柱平法施工图的比例应与建筑平面图相同。

（2）定位轴线及其编号、间距尺寸。

（3）柱的编号、平面布置应反映柱与轴线的直线关系。

（4）每一种编号柱的标高、截面尺寸、纵向钢筋和箍筋的配置情况。

（5）必要的设计说明。

2. 柱平法施工图的表示方法有哪些?

（1）柱平法施工图系在柱平面布置图上采用列表注写方式或截面注写方式表达。

（2）柱平面布置图，可采用适当比例单独绘制，也可与剪力墙平面布置图合并绘制。

（3）在柱平法施工图中，应按以下规定注明各结构层的楼面标高、结构层高及相应的结构层号，尚应注明上部结构嵌固部位位置：

按平法设计绘制结构施工图时，应当用表格或其他方式注明各结构层的楼面标高、结构层高及相应的结构层号。同时，尚应注明上部结构嵌固部位位置。

（4）上部结构嵌固部位的注写

1）框架柱嵌固部位在基础顶面上，无需注明。

2）框架柱嵌固部位不在基础顶面时，在层高表嵌固部位标高下使用双细线注明，并在层高表下注明上部结构嵌固部位标高。

3）框架柱嵌固部位不在地下室顶板，但仍需考虑地下室顶板对上部结构实际存在嵌固作用时，可在层高表地下室顶板标高下使用双虚线注明。此时，首层柱端箍筋加密区长度范围及纵筋连接位置均按嵌固部位要求设置。

3. 柱列表注写方式包括哪些内容?

（1）列表注写方式，系在柱平面布置图上（一般只需采用适当比例绘制一张柱平面布置图，包括框架柱、转换柱、梁上柱和剪力墙上柱），分别在同一编号的柱中选择一个（有时需要选择几个）截面标注几何参数代号；在柱表中注写柱编号、柱段起止标高、几何尺寸（含柱截面对轴线的偏心情况）与配筋的具体数值，并配以各种柱截面形状及其箍筋类型图的方式，来表达柱平法施工图。

（2）柱表注写内容规定如下：

1）注写柱编号。柱编号由类型代号和序号组成，应符合表 2-1 的规定。

柱编号

表 2-1

柱类型	代号	序号
框架柱	KZ	××
转换柱	ZHZ	××
芯柱	XZ	××
梁上柱	LZ	××
剪力墙上柱	QZ	××

注：编号时，当柱的总高、分段截面尺寸和配筋均应对应相同，仅截面与轴线的关系不同时，仍可将其编为同一柱号，但应在图中注明截面轴线的关系。

2）注写柱段起止标高，自柱根部往上以变截面位置或截面未变但配筋改变处为界分段注写。框架柱和转换柱的根部标高系指基础顶面标高；芯柱的根部标高系指根据结构实际需要而定的起始位置标高；梁上柱的根部标高系指梁顶面标高；剪力墙上柱的根部标高为墙顶面标高。

注：剪力墙上柱 QZ 包括"柱纵筋锚固在墙顶部"、"柱与墙重叠一层"两种构造做法，设计人员应注明选用哪种做法。当选用"柱纵筋锚固在墙顶部"做法时，剪力墙平面外方向应设梁。

3）对于矩形柱，注写柱截面尺寸用 $b×h$ 及与轴线关系的几何参数代号 b_1、b_2 和 h_1、h_2 的具体数值，需对应于各段柱分别注写。其中，$b=b_1+b_2$，$h=h_1+h_2$。当截面的某一边收缩变化至与轴线重合或偏到轴线的另一侧时，b_1、b_2、h_1、h_2 中的某项为零或为负值。

对于圆柱，表中 $b×h$ 一栏改用在圆柱直径数字前加 d 表示。为表达得简单，圆柱截面与轴线的关系也用 b_1、b_2 和 h_1、h_2 表示，并使 $d=b_1+b_2=h_1+h_2$。

对于芯柱，根据结构需要，可以在某些框架柱的一定高度范围内，在其内部的中心位置设置（分别引注其柱编号）；芯柱中心应与柱中心重合，并标注其截面尺寸，按本书钢筋构造详图施工；当设计者采用与本构造详图不同的做法时，应另行注明。芯柱定位随框架柱，不需要注写其与轴线的几何关系。

4）注写柱纵筋。当柱纵筋直径相同，各边根数也相同时（包括矩形柱、圆柱和芯柱），可将纵筋注写在"全部纵筋"一栏中；除此之外，柱纵筋分角筋、截面 b 边中部筋和 h 边中部筋三项分别注写（对于采用对称配筋的矩形截面柱，可仅注写一侧中部筋，对称边省略不注；对于采用非对称配筋的矩形截面柱，必须每侧均注写中部筋）。

5）注写箍筋类型号及箍筋肢数，在箍筋类型栏内注写按（3）规定的箍筋类型号与肢数。

6）注写柱箍筋，包括箍筋级别、直径与间距。

用斜线"/"区分柱端箍筋加密区与柱身非加密区长度范围内箍筋的不同间距。施工人员需根据标准构造详图的规定，在规定的几种长度值中取其最大者作为加密区长度。当框架节点核心区内箍筋与柱端箍筋设置不同时，应在括号中注明核心区箍筋直径及间距。

当箍筋沿柱全高为一种间距时，则不使用"/"线。

当圆柱采用螺旋箍筋时，需在箍筋前加"L"。

（3）具体工程所设计的各种箍筋类型图以及箍筋复合的具体方式，需画在表的上部或图中的适当位置，并在其上标注与表中相对应的 b、h 和类型号。

注：确定箍筋肢数时要满足对柱纵筋"隔一拉一"以及箍筋肢距的要求。

（4）采用列表注写方式表达的柱平法施工图示例见图 2-1。

4. 柱截面注写方式包括哪些内容？

（1）截面注写方式，系在柱平面布置图的柱截面上，分别在同一编号的柱中选择一个截面，以直接注写截面尺寸和配筋具体数值的方式来表达柱平法施工图。

（2）对除芯柱之外的所有柱截面按表 2-1 的规定进行编号，从相同编号的柱中选择一个截面，按另一种比例原位放大绘制柱截面配筋图，并在各配筋图上继其编号后再注写截面尺寸 $b \times h$、角筋或全部纵筋（当纵筋采用一种直径且能够图示清楚时）、箍筋的具体数值，以及在柱截面配筋图上标注柱截面与轴线关系 b_1、b_2、h_1、h_2 的具体数值。

当纵筋采用两种直径时，需再注写截面各边中部筋的具体数值（对于采用对称配筋的矩形截面柱，可仅在一侧注写中部筋，对称边省略不注）。

当在某些框架柱的一定高度范围内，在其内部的中心位置设置芯柱时，首先按照表 2-1 的规定进行编号，继其编号之后注写芯柱的起止标高、全部纵筋及箍筋的具体数值，芯柱截面尺寸按构造确定，并按标准构造详图施工，设计不注；当设计者采用不同的做法时，应另行注明。芯柱定位随框架柱，不需要注写其与轴线的几何关系。

（3）在截面注写方式中，如柱的分段截面尺寸和配筋均相同，仅截面与轴线的关系不同时，可将其编为同一柱号。但此时应在未画配筋的柱截面上注写该柱截面与轴线关系的具体尺寸。

（4）采用截面注写方式表达的柱平法施工图示例见图 2-2。

2.2 柱构件钢筋识图

5. 柱纵向钢筋有哪些连接方式？

框架柱纵筋有三种连接方式：绑扎搭接、机械连接和焊接连接，如图 2-3 所示。

上图分别画出了柱纵筋绑扎搭接、机械连接和焊接连接的三种连接方式，绑扎搭接在实际的工程应用中不常见，因此我们着重介绍柱纵筋的机械连接和焊接连接。

（1）柱纵筋的非连接区。所谓"非连接区"，就是柱纵筋不允许在这个区域内进行连接。

1）嵌固部位以上有一个"非连接区"，其长度为 $H_n/3$（H_n 即从嵌固部位到顶板梁底的柱的净高）。

2）楼层梁上下部为的范围形成一个"非连接区"，其长度包括三部分：梁底以下部分、梁中部分和梁顶以上部分。

① 梁底以下部分的非连接区长度 $\geqslant \max(H_n/6, h_c, 500)$（$H_n$ 即所在楼层的柱净高；h_c 为柱截面长边尺寸，圆柱为截面直径）。

② 梁中部分的非连接区长度＝梁的截面高度。

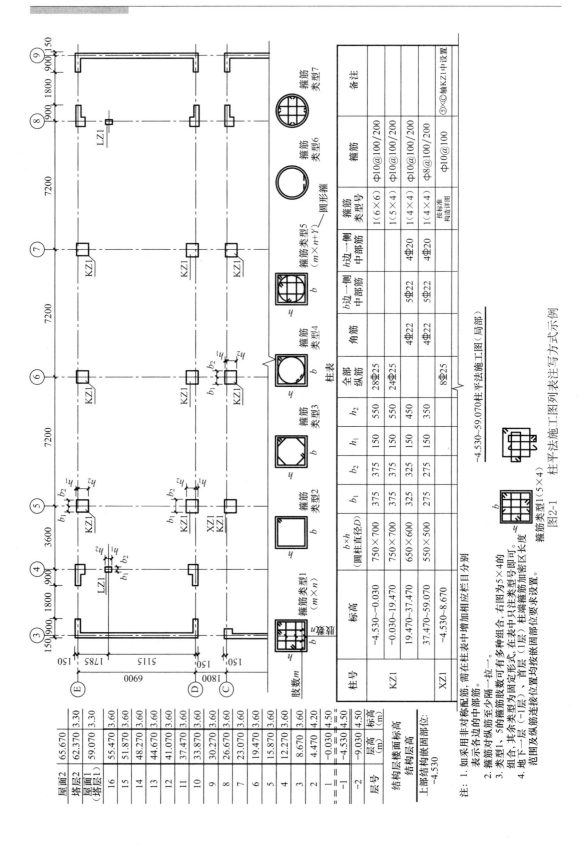

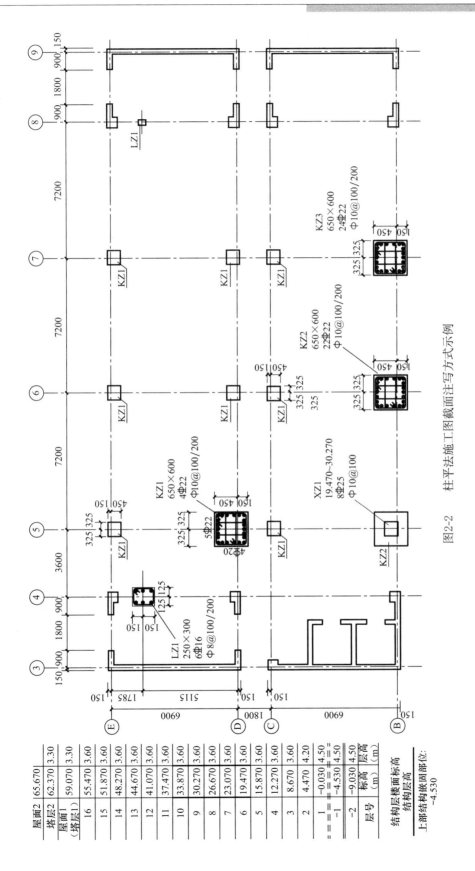

图2-2　柱平法施工图截面注写方式示例

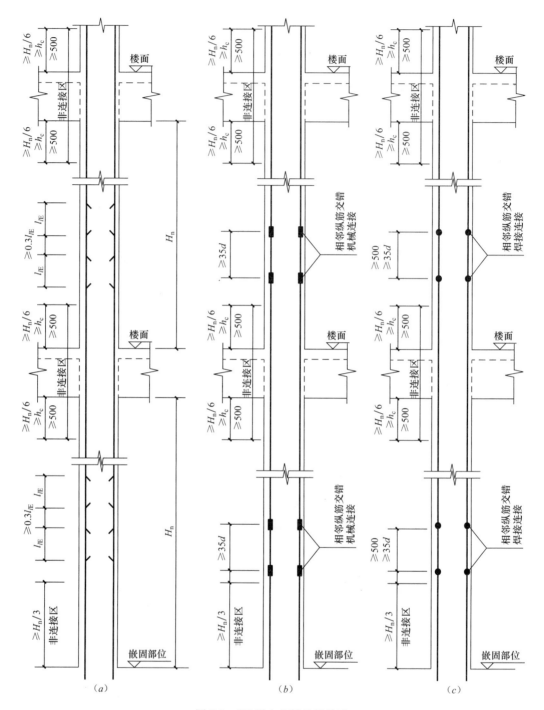

图 2-3 KZ 纵向钢筋连接构造

(a) 绑扎搭接；(b) 机械连接；(c) 焊接连接

③ 梁顶以上部分的非连接区长度≥max($H_n/6$，h_c，500)（H_n 即上一楼层的柱净高；h_c 为柱截面长边尺寸，圆柱为截面直径）。

（2）柱相邻纵向钢筋连接接头应相互错开。柱相邻纵向钢筋连接接头相互错开，在同一连接区段内钢筋接头面积百分率不应大于 50%。柱纵向钢筋连接接头相互错开的距离：

1）机械连接接头错开距离≥35d。
2）焊接连接接头错开距离≥35d 且≥500mm。
3）绑扎搭接连接搭接长度 l_{lE}（l_{lE} 即绑扎搭接长度），接头错开距离≥0.3l_{lE}。

6. 为什么一般不采用绑扎搭接连接方式？

钢筋混凝土结构是钢筋和混凝土的对立统一体。钢筋的优势在于抗拉，混凝土的优势在于抗压，钢筋混凝土构件就是把它们有机地统一起来，充分发挥了这两种材料的优势。而钢筋混凝土结构维持安全和可靠的条件是：把钢筋用在适当的位置，并且让混凝土 360°地包裹每一根钢筋。

但是，传统的钢筋绑扎搭接连接是把两根钢筋并排地紧靠在一起，再用绑丝（细钢丝）绑扎起来。这根细细的钢丝是不可能固定这两根搭接连接的钢筋的。固定这两根搭接连接的钢筋要靠包裹它们的混凝土。但是，这两根紧靠在一起的钢筋，每根钢筋只有约 270°的周长被混凝土所包围，所以达不到 360°周边被混凝土包裹的要求，从而大大地降低了混凝土构件的强度。许多力学试验都表明，构件的破坏点就在钢筋绑扎搭接连接点上。即使增大绑扎搭接的长度，也无济于事。

为了克服传统的钢筋绑扎搭接连接的缺点，最近提出了"有净距的绑扎搭接连接"的做法，对于改善混凝土 360°包裹钢筋有所帮助，但是却较大地加大施工的难度。

同时，无论传统的钢筋绑扎搭接连接，还是改进的钢筋绑扎搭接连接，都不可避免地造成"两根钢筋轴心错位"的事实，而且"有净距的绑扎搭接连接"的做法还使得两根钢筋轴心的错位更大。这将会降低钢筋在混凝土构件中的力学作用。但是，如果采用机械连接和对焊连接，将保证被连接的两根钢筋轴心相对一致。

在钢筋绑扎搭接连接不可靠和不安全的同时，钢筋绑扎搭接连接又是不经济的。因为钢筋的绑扎搭接连接长度 l_{lE} 是受拉钢筋锚固长度 l_{aE} 的 2 倍以上。以 Φ25 钢筋（混凝土强度等级 C30，二级抗震等级）为例，一个钢筋搭接点的绑扎搭接连接长度 l_{lE} 为：

$$l_{lE} = 1.2l_{aE} = 1.2 \times 40d = 1.2 \times 40 \times 25 = 1200(mm)$$

由此可见，一根钢筋的一个绑扎搭接连接点要多用 1m 多长的钢筋，而一个建筑有多少个楼层、每个楼层又有多少根钢筋呢？这样计算起来，绑扎搭接连接引起的钢筋浪费数量是惊人的。

钢筋绑扎搭接连接既浪费材料，又达不到质量和安全的要求，所以不少正规的施工企业都对钢筋绑扎搭接连接加以限制。例如，有的施工企业在工程的施工组织设计中明确规定，当钢筋直径在 14mm 以下时，才使用绑扎搭接连接；而当钢筋直径在 14mm 以上时，使用机械连接或对焊连接。

7. 上柱钢筋根数比下柱多时框架柱纵向钢筋如何连接构造？

当上柱钢筋根数比下柱多时，钢筋构造如图 2-4 所示，上柱多出的钢筋锚入下柱（楼面以下）1.2l_{aE}。

8. 下柱钢筋根数比上柱多时框架柱纵向钢筋如何连接构造？

当下柱钢筋根数比上柱多时，钢筋构造如图 2-5 所示，下柱多出的钢筋伸入楼层梁，从梁底算起伸入楼层梁的长度为 $1.2l_{aE}$。如果楼层梁的截面高度小于 $1.2l_{aE}$，则下柱多出的钢筋可能伸出楼面以上。

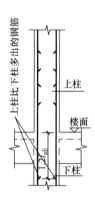

图 2-4 上柱钢筋比下柱多

注：计算 l_{aE} 的数值时，按上柱的钢筋直径计算

图 2-5 下柱钢筋比上柱多

注：计算 l_{aE} 的数值时，按下柱的钢筋直径计算

9. 上柱钢筋直径比下柱大时框架柱纵向钢筋如何连接构造？

当上柱钢筋直径比下柱大时，钢筋构造如图 2-6 所示，上下柱纵筋的连接不在楼面以上连接，而改在下柱内进行连接。

10. 下柱钢筋直径比上柱大时框架柱纵向钢筋如何连接构造？

当下柱钢筋直径比上柱大时，钢筋构造如图 2-7 所示，上下柱纵筋的连接不在楼层梁以下连接，而改在上柱内进行连接。

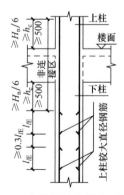

图 2-6 上柱钢筋直径比下柱大

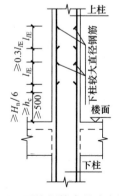

图 2-7 下柱钢筋直径比上柱大

11. 地下室框架柱纵向钢筋连接构造有哪些做法?

地下室框架柱纵筋有三种连接方式:绑扎搭接、机械连接和焊接连接,如图 2-8 所示。

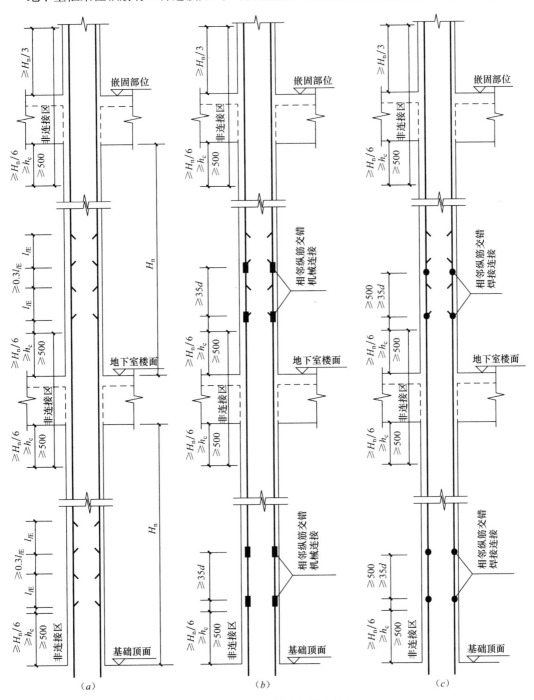

图 2-8 地下室 KZ 纵向钢筋连接构造

(a) 绑扎搭接;(b) 机械连接;(c) 焊接连接

（1）柱纵筋的非连接区

1）基础顶面以上有一个"非连接区"，其长度≥$\max(H_n/6, h_c, 500)$（H_n是从基础顶面到顶板梁底的柱的净高；h_c为柱截面长边尺寸，圆柱为截面直径）。

2）地下室楼层梁上下部分的范围形成一个"非连接区"，其长度包括三个部分：梁底以下部分、梁中部分和梁顶以上部分。

① 梁底以下部分的非连接区长度≥$\max(H_n/6, h_c, 500)$（H_n是所在楼层的柱净高；h_c为柱截面长边尺寸，圆柱为截面直径）。

② 梁中部分的非连接区长度＝梁的截面高度。

③ 梁顶以上部分的非连接区长度≥$\max(H_n/6, h_c, 500)$（H_n是上一楼层的柱净高；h_c为柱截面长边尺寸，圆柱为截面直径）。

3）嵌固部位上下部分的范围内形成一个"非连接区"，其长度包括三个部分：梁底以下部分、梁中部分和梁顶以上部分。

① 嵌固部位梁以下部分的非连接区长度≥$\max(H_n/6, h_c, 500)$（H_n是所在楼层的柱净高；h_c为柱截面长边尺寸，圆柱为截面直径）。

② 嵌固部位梁中部分的非连接区长度＝梁的截面高度。

③ 嵌固部位梁以上部分的非连接区长度≥$H_n/3$（H_n是上一楼层的柱净高）。

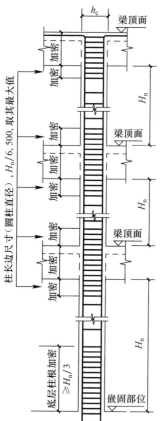

图 2-9 KZ、QZ、LZ
箍筋加密范围

（2）柱相邻纵向钢筋连接接头要相互错开。

柱相邻纵向钢筋连接接头相互错开，在同一连接区段内钢筋接头面积百分率不应大于50%。

柱纵向钢筋连接接头相互错开距离：

1）机械连接接头错开距离≥$35d$。

2）焊接连接接头错开距离≥$35d$且≥500mm。

3）绑扎搭接连接搭接长度l_{lE}（l_{lE}是绑扎搭接长度），接头错开的净距离≥$0.3l_{lE}$。

12. 框架柱和地下框架柱的箍筋加密区范围如何规定？

（1）框架柱、剪力墙上柱和梁上柱的箍筋设置

在基础顶面嵌固部位≥$H_n/3$范围内，中间层梁柱节点以下和以上各$\max(H_n/6, 500, h_c)$范围内，顶层梁底以下$\max(H_n/6, 500, h_c)$至屋面顶层范围内，如图2-9所示。

（2）地下室框架的箍筋设置

地下室框架的箍筋加密区间为：基础顶面以上$\max(H_n/6, 500, h_c)$范围内、地下室楼面以上以下各$\max(H_n/6, 500, h_c)$范围内、嵌固部位以上≥$H_n/3$及其以下（$H_n/6, 500, h_c$）高度范围内，如图2-10（a）所示。

（3）当地下一层增加钢筋时，钢筋在嵌固部位的锚固构造如图2-10（b）所示。当采用弯锚结构时，钢筋伸至梁顶向内弯折$12d$，且锚入嵌固部位的竖向长度≥$0.5l_{abE}$。当采

用直锚结构时，钢筋伸至梁顶且锚入嵌固部位的竖向长度≥l_{aE}。

（4）框架柱和地下框架柱箍筋绑扎连接范围（$2.3l_{aE}$）内需加密，加密间距为 min（$5d$，100）。

（5）底层刚性地面上下各加密 500mm，如图 2-11 所示。

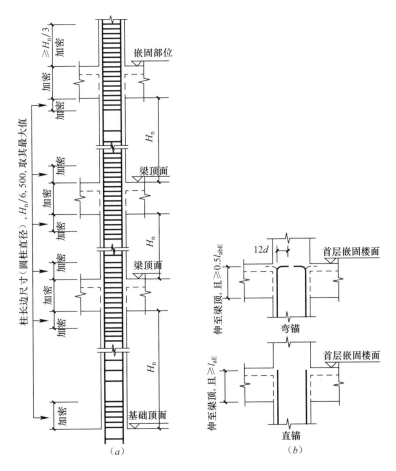

图 2-10　框架柱箍筋加密构造

（a）地下室顶板为上部结构的嵌固部位；（b）地下一层增加钢筋在嵌固部位的锚固构造

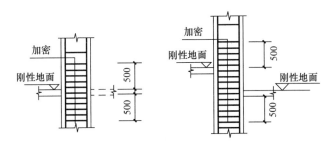

图 2-11　底层刚性地面上下箍筋加密范围

图中所示"刚性地面"是指：基础以上墙体两侧的回填土应分层回填夯实（回填土和压实密度应符合国家有关规定），在压实土层上铺设的混凝土面层厚度不应小于 150mm，这样在基础埋深较深的情况下，设置该刚性地面能对埋入地下的墙体在一定程度上起到侧面嵌固或约束的作用。箍筋在刚性地面上下 500mm 范围内加密是考虑了这种刚性地面的非刚性约束的影响。另外，以下几种形式也可视作刚性地面：

1) 花岗石板块地面和其他岩板块地面为刚性地面。
2) 厚度 200mm 以上，混凝土强度等级不小于 C20 的混凝土地面为刚性地面。

13. 如何正确使用"抗震框架柱和小墙肢箍筋加密区高度选用表"？

抗震框架柱和小墙肢箍筋加密区高度选用表，见表 2-2。

抗震框架柱和小墙肢箍筋加密区高度选用表（mm）　　　表 2-2

柱净高 H_n	柱截面长边尺寸 h_c 或圆柱直径 D																		
	400	450	500	550	600	650	700	750	800	850	900	950	1000	1050	1100	1150	1200	1250	1300
1500																			
1800	500																		
2100	500	500	500																
2400	500	500	500	550															
2700	500	500	500	550	600	650													
3000	500	500	500	550	600	650	700												
3300	550	550	550	550	600	650	700	750	800										
3600	600	600	600	600	600	650	700	750	800	850									
3900	650	650	650	650	650	650	700	750	800	850	900	950							
4200	700	700	700	700	700	700	700	750	800	850	900	950	1000						
4500	750	750	750	750	750	750	750	750	800	850	900	950	1000	1050	1100				
4800	800	800	800	800	800	800	800	800	800	850	900	950	1000	1050	1100	1150			
5100	850	850	850	850	850	850	850	850	850	850	900	950	1000	1050	1100	1150	1200	1250	
5400	900	900	900	900	900	900	900	900	900	900	900	950	1000	1050	1100	1150	1200	1250	1300
5700	950	950	950	950	950	950	950	950	950	950	950	950	1000	1050	1100	1150	1200	1250	1300
6000	1000	1000	1000	1000	1000	1000	1000	1000	1000	1000	1000	1000	1000	1050	1100	1150	1200	1250	1300
6300	1050	1050	1050	1050	1050	1050	1050	1050	1050	1050	1050	1050	1050	1050	1100	1150	1200	1250	1300
6600	1100	1100	1100	1100	1100	1100	1100	1100	1100	1100	1100	1100	1100	1100	1100	1150	1200	1250	1300
6900	1150	1150	1150	1150	1150	1150	1150	1150	1150	1150	1150	1150	1150	1150	1150	1150	1200	1250	1300
7200	1200	1200	1200	1200	1200	1200	1200	1200	1200	1200	1200	1200	1200	1200	1200	1200	1200	1250	1300

（表中右上区域标注：箍筋全高加密）

注：1. 表内数值未包括框架嵌固部位柱根箍筋加密区范围。

2. 柱净高（包括因嵌砌填充墙等形成的柱净高）与柱截面长边尺寸（圆柱为截面直径）的比值 $H_n/h_c \leqslant 4$ 时，箍筋沿柱全高加密。

3. 小墙肢即墙肢长度不大于墙厚 4 倍的剪力墙。矩形小墙肢的厚度不大于 300mm 时，箍筋全高加密。

首先，我们先看表注 2 的内容，从中不难理解，当"$H_n/h_c \leqslant 4$"成立时，该框架柱为短柱，其箍筋沿柱全高加密。在实际工程中，"短柱"常出现在地下室。当地下室层高较小时，容易出现"$H_n/h_c \leqslant 4$"的情况。

其次，我们可以看出，表格中用阶梯状的粗黑线将表格划分成四个区域，这又该如何理解呢？联系前面的"箍筋加密区"知识，我们可以看出四个区域分别为：

（1）右上角的空白区域，即箍筋全高加密区——为"短柱区"（$H_n/h_c \leqslant 4$）。

（2）对角线上半区域，即箍筋加密区高度均为 500mm 的区域——箍筋加密区长度 $\max(H_n/6, h_c, 500) = 500$mm。

（3）对角线下半区域，即箍筋加密区高度均为 h_c 的区域——箍筋加密区长度 $\max(H_n/6, h_c, 500) = h_c$。

（4）左下角区域，即箍筋加密区高度均为 $H_n/6$ 的区域——箍筋加密区长度 $\max(H_n/6, h_c, 500) = H_n/6$。

14. 框架梁上柱纵向钢筋如何构造？

框架梁上起柱，指一般框架梁上的少量起柱（例如：支撑层间楼梯梁的柱等），其构造不适用于结构转换层上的转换大梁起柱。

框架梁上起柱，框架梁是柱的支撑，因此，当梁宽度大于柱宽度时，柱的钢筋能比较可靠地锚固到框架梁中，当梁宽度小于柱宽时，为使柱钢筋在框架梁中锚固可靠，应在框架梁上加侧腋以提高梁对柱钢筋的锚固性能。

柱插筋伸至梁底且 $\geqslant 20d$，竖直锚固长度应 $\geqslant 0.6l_{abE}$，水平弯折 $15d$，d 为柱插筋直径。

柱在框架梁内应设置两道柱箍筋，当柱宽度大于梁宽时，梁应设置水平加腋。其构造要求如图 2-12 所示。

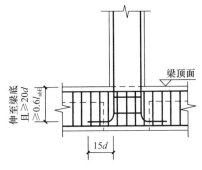

图 2-12　梁上柱纵筋构造

15. 剪力墙上柱钢筋锚固构造方法有哪些？

剪力墙上柱，是指普通剪力墙上个别部位的少量起柱，不包括结构转换层上的剪力墙柱。剪力墙上柱按柱纵筋的锚固情况分为：柱与墙重叠一层和柱纵筋锚固在墙顶部两种类型，如图 2-13 所示。

第一种锚固方法，如图 2-13（a）所示，就是把上层框架柱的全部纵筋向下伸至下层剪力墙的楼面上，也就是与下层剪力墙重叠一个楼层。

第二种锚固方法，如图 2-13（b）所示，与第一种锚固方法不同，不是与下层剪力墙重叠一个楼层，而是指在下层剪力墙的上端进行锚固。其做法是：锚入下层剪力墙上部，其直锚长度为 $1.2l_{aE}$，弯直钩 150mm。在墙顶面标高以下锚固范围内的柱箍筋按上柱非加密区箍筋要求设置。

16. 框架柱边柱和角柱柱顶纵向钢筋的构造有哪些做法？

框架柱边柱和角柱柱顶纵向钢筋构造有五个节点构造，如图 2-14 所示。

图中五个构造做法图可分成三种类型：其中，①是柱外侧纵筋弯入梁内作梁上部筋的构造做法；②、③类是柱外侧筋伸至梁顶部再向梁内延伸与梁上部钢筋搭接的构造做法

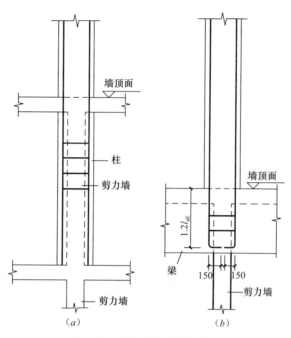

图 2-13　剪力墙上柱纵筋构造

（a）柱与墙重叠一层；（b）直接在剪力墙顶部起柱

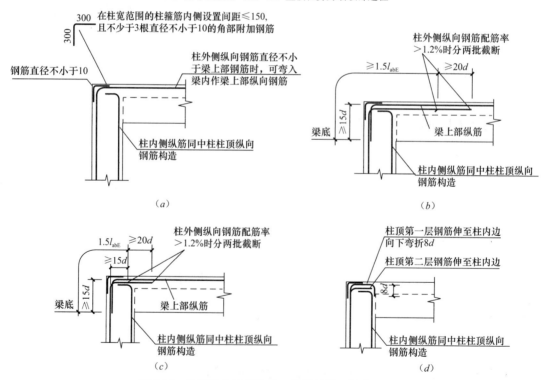

图 2-14　柱顶纵向钢筋构造（柱纵筋锚入梁中）（一）

（a）节点①：柱筋作为梁上部钢筋使用；（b）节点②：从梁底算起 $1.5l_{abE}$ 超过柱内侧边缘；

（c）节点③：从梁底算起 $1.5l_{abE}$ 未超过柱内侧边缘；（d）节点④：当现浇板厚度不小于

100 时，也可按节点②的方式伸入板内锚固，且伸入板内长度不宜小于 $15d$

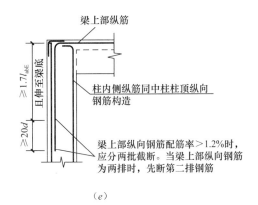

图 2-14　柱顶纵向钢筋构造（柱纵筋锚入梁中）（二）
（e）节点⑤：梁、柱纵向钢筋搭接接头沿节点外侧直线布置

（可简称为"柱插梁"）；而⑤是梁上部筋伸至柱外侧再向下延伸与柱筋搭接的构造做法（可简称为"梁插筋"）。

从图中可以读到以下内容：

（1）节点①、②、③、④应相互配合使用，节点④不应单独使用（只用于未伸入梁内的柱外侧纵筋锚固），伸入梁内的柱外侧纵筋不宜少于柱外侧全部纵筋面积的 65％。

（2）可选择②＋④或③＋④或①＋②＋④或①＋③＋④的做法。

（3）节点⑤用于梁、柱纵向钢筋接头沿节点柱顶外侧直线布置的情况，可与节点①组合使用。

（4）可选择⑤或①＋⑤的做法。

（5）设计未注明采用哪种构造时，施工人员应根据实际情况按各种做法所要求的条件正确地选用。

17. 框架柱中柱柱顶纵向钢筋构造要求有哪些？

根据框架柱在柱网布置中的具体位置（或框架柱四边中与框架梁连接的边数），可分为：中柱、边柱和角柱。根据框架柱中钢筋的位置，可以将框架柱中的钢筋分为框架柱内侧纵筋和外侧纵筋。顶层中间节点（顶层中柱与顶层梁节点）的柱纵筋全部为内侧纵筋，顶层边节点（顶层边柱与顶层梁节点）和顶层角节点（顶层角柱与顶层梁节点）分别由内侧和外侧钢筋组成。

框架柱中柱柱顶纵向钢筋构造如图 2-15 所示。

其构造要点如下：

（1）柱纵筋弯锚入梁中。当顶层框架梁的高度（减去保护层厚度）不能够满足框架柱纵向钢筋的最小锚固长度时，框架柱纵筋伸入框架梁内，采取向内弯折锚固的形式，如图 2-15（a）所示；当直锚长度小于最小锚固长度，且顶层为现浇混凝土板，其混凝土强度等级不小于 C20，板厚不小于 100mm 时，可以采用向外弯折锚固的形式，如图 2-15（b）所示。

（2）柱纵筋加锚头/锚板伸至梁中。当顶层框架梁的高度（减去保护层厚度）不能够满足框架柱纵向钢筋的最小锚固长度时，框架柱纵筋伸入框架梁内，可采取端头加锚头

（锚板）锚固的形式，如图 2-15（c）所示。

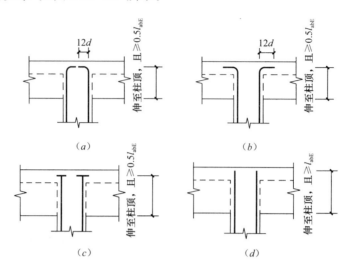

图 2-15　框架柱顶层中间节点钢筋构造

（a）框架柱纵筋在顶层弯锚 1；（b）框架柱纵筋在顶层弯锚 2；
（c）框架柱纵筋在顶层加锚头/锚板；（d）框架柱纵筋在顶层直锚

（3）柱纵筋直锚入梁中。当顶层框架梁的高度（减去保护层厚度）能够满足框架柱纵向钢筋的最小锚固长度时，框架柱纵筋伸入框架梁内，采取直锚的形式，如图 2-15（d）所示。

18. 框架柱变截面位置纵向钢筋构造有哪些做法？

框架柱变截面位置纵向钢筋的构造要求通常是指当楼层上下柱截面发生变化时，其纵筋在节点内部的锚固方法和构造措施。纵向钢筋根据框架柱在上下楼层截面变化相对梁高数值的大小，及其所处位置，可分为五种情况，具体构造如图 2-16 所示。

根据错台的位置及斜率比的大小，可以得出抗震框架柱变截面处的纵筋构造要点，其中 Δ 为上下柱同向侧面错台的宽度，h_b 为框架梁的截面高度。

（1）变截面的错台在内侧

变截面的错台在内侧时，可分为两种情况：

1）$\Delta/h_b > 1/6$

图 2-16（a）、（c）：下层柱纵筋断开，上层柱纵筋伸入下层；下层柱纵筋伸至该层顶 $12d$；上层柱纵筋伸入下层 $1.2l_{aE}$。

2）$\Delta/h_b \leqslant 1/6$

图 2-16（b）、（d）：下层柱纵筋斜弯连续伸入上层，不断开。

（2）变截面的错台在外侧

变截面的错台在外侧时，构造如图 2-16（e）所示，端柱处变截面，下层柱纵筋断开，伸至梁顶后弯锚进框架梁内，弯折长度为 $\Delta + l_{aE} -$ 纵筋保护层，上层柱纵筋伸入下层 $1.2l_{aE}$。

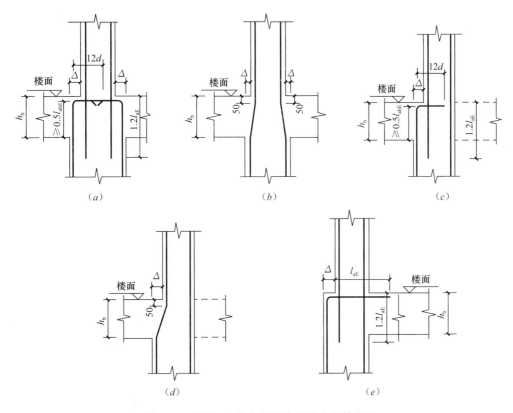

图 2-16　抗震 KZ 柱变截面位置纵向钢筋构造

(a) $\Delta/h_b>1/6$；(b) $\Delta/h_b\leqslant1/6$；(c) $\Delta/h_b>1/6$；(d) $\Delta/h_b\leqslant1/6$；(e) 外侧错台

19. 框架边柱、角柱柱顶等截面伸出时纵向钢筋构造要求有哪些？

框架边柱、角柱柱顶等截面伸出时纵向钢筋构造如图 2-17 所示。

（1）箍筋规则及数量由设计指定，肢距不大于 400mm。

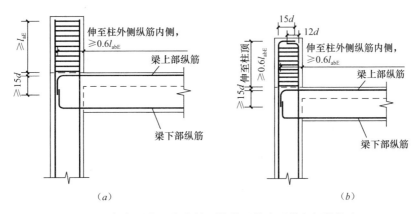

图 2-17　框架边柱、角柱柱顶等截面伸出时纵向钢筋构造

(a) 当伸出长度自梁顶算起满足直锚长度 l_{aE} 时；

(b) 当伸出长度自梁顶算起不能满足直锚长度 l_{aE} 时

（2）本图所示为顶层边柱、角柱伸出屋面时的柱纵筋做法，设计时应根据具体伸出长度采取相应节点做法。

（3）当柱顶伸出屋面的截面发生变化时应另行设计。

20. 矩形箍筋的复合方式有哪些？设置复合箍筋要遵循哪些原则？

常见矩形箍筋的复合方式如图 2-18 所示。

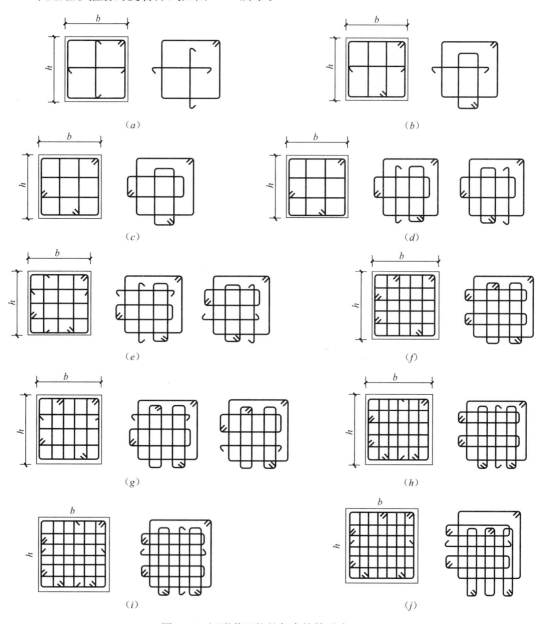

图 2-18 矩形截面柱的复合箍筋形式（一）

（a）箍筋肢数 3×3；（b）箍筋肢数 4×3；（c）箍筋肢数 4×4；（d）箍筋肢数 5×4；（e）箍筋肢数 5×5；
（f）箍筋肢数 6×6；（g）箍筋肢数 6×5；（h）箍筋肢数 7×6；（i）箍筋肢数 7×7；（j）箍筋肢数 8×7

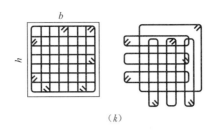

图 2-18 矩形截面柱的复合箍筋形式（二）

(k) 箍筋肢数 8×8

根据构造要求，当柱截面短边尺寸大于 400mm 且各边纵向钢筋多于 3 根时，或当截面短边尺寸不大于 400mm，但各边纵向钢筋多于 4 根时，应设置复合箍筋。

设置复合箍筋要遵循下列原则：

（1）大箍套小箍

矩形柱的箍筋，都是采用"大箍套小箍"的方式。若为偶数肢数，则用几个两肢"小箍"来组合；若为奇数肢数，则用几个两肢"小箍"再加上一个"拉筋"来组合。

（2）内箍或拉筋的设置要满足"隔一拉一"

设置内箍的肢或拉筋时，要满足对柱纵筋至少"隔一拉一"的要求。这就是说，不允许存在两根相邻的柱纵筋同时没有钩住箍筋的肢或拉筋的现象。

（3）"对称性"原则

柱 b 边上箍筋的肢或拉筋都应该在 b 边上对称分布。

同时，柱 h 边上箍筋的肢或拉筋都应该在 h 边上对称分布。

（4）"内箍水平段最短"原则

在考虑内箍的布置方案时，应该使内箍的水平段尽可能的最短（其目的是为了使内箍与外箍重合的长度为最短）。

（5）内箍尽量做成标准格式

当柱复合箍筋存在多个内箍时，只要条件许可，这些内箍都尽量做成标准的格式，即"等宽度"的形式，以便于施工。

（6）施工时，纵横方向的内箍（小箍）要贴近大箍（外箍）放置。柱复合箍筋在绑扎时，以大箍为基准；或者是纵向的小箍放在大箍上面，横向的小箍放在大箍下面；或者是纵向的小箍放在大箍下面，横向的小箍放在大箍上面。

21. 为什么柱复合箍筋不能采用"大箍套中箍，中箍再套小箍"及"等箍互套"的形式？

柱复合箍筋的做法，在柱子的四个侧面上，任何一个侧面上只有两根并排重合的一小段箍筋，这样可以基本保证混凝土对每根箍筋不小于 270° 的包裹，这对保证混凝土对钢筋的有效粘结至关重要。

如果把"等箍互套"用于外箍上，就破坏了外箍的封闭性，这是很危险的；如果把"等箍互套"用于内箍上，就会造成外箍与互套的两段内箍有三段钢筋并排重叠在一起，影响了混凝土对每段钢筋的包裹，这是不允许的，而且还多用了钢筋。

如果采用"大箍套中箍、中箍再套小箍"的做法,柱侧面并排的箍筋重叠就会达到三根、四根甚至更多,这更影响了混凝土对每段钢筋的包裹,而且还浪费更多的钢筋。所以,"大箍套中箍、中箍再套小箍"的做法是最不可取的做法。

22. 芯柱配筋构造是怎样的?

芯柱配筋构造如图 2-19 所示。

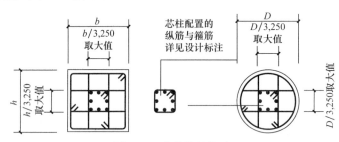

图 2-19　芯柱配筋构造

"芯柱"是为了提高框架柱强度而采取的构造措施,其要点是:

(1) 芯柱是在柱的中心增加纵向钢筋与箍筋。

(2) 芯柱配置的纵筋与箍筋详见设计标注。

(3) 芯柱纵筋连接及根部锚固同框架柱,往上直通至芯柱柱顶标高。

23. 柱纵向钢筋在基础中的构造要求有哪些?

柱纵向钢筋在基础中的构造,可根据基础类型、基础高度、基础梁与柱的相对尺寸等因素综合确定。柱纵向钢筋在基础中的构造如图 2-20 所示。

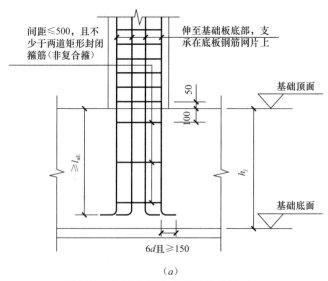

图 2-20　柱纵向钢筋在基础中构造（一）

(a) 保护层厚度＞5d；基础高度满足直锚

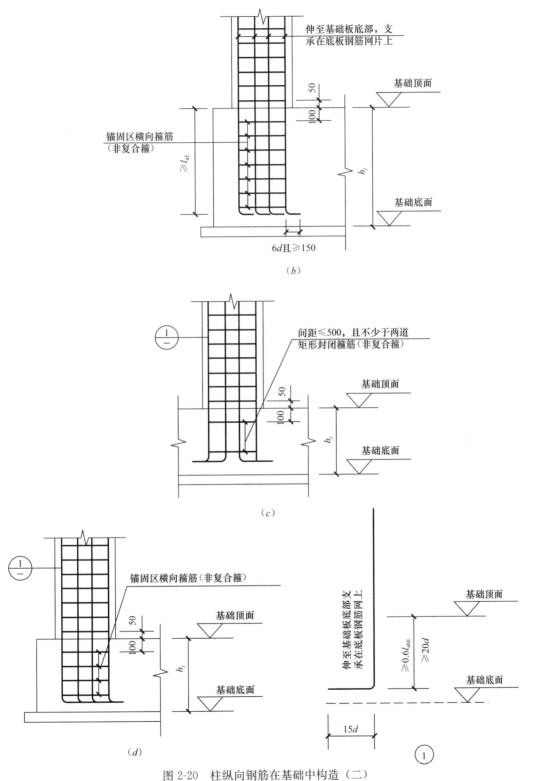

图 2-20 柱纵向钢筋在基础中构造（二）

（b）保护层厚度≤5d；基础高度满足直锚；（c）保护层厚度>5d；基础高度不满足直锚；

（d）保护层厚度≤5d；基础高度不满足直锚

柱纵向钢筋在基础中的构造要求：

（1）图中，h_j 为基础底面至基础顶面的高度。柱下为基础梁时，h_j 为基础梁底面至顶面的高度。当柱两侧基础梁标高不同时取较低标高。

（2）锚固区横向箍筋应满足直径≥$d/4$（d 为纵筋最大直径），间距≤$5d$（d 为纵筋最小直径）且≤100mm 的要求。

（3）当柱纵筋在基础中保护层厚度不一致（如纵筋部分位于梁内，部分位于板内），保护层厚度不大于 $5d$ 的部分应设置锚固区横向钢筋。

（4）当符合下列条件之一时，可仅将柱四角纵筋伸至底板钢筋网片上或者筏形基础中间层钢筋网片上（伸至钢筋网片上的柱纵筋间距不应大于 1000mm），其余纵筋锚固在基础顶面下 l_{aE} 即可。

1）柱为轴心受压或小偏心受压，基础高度或基础顶面至中间层钢筋网片顶面距离不小于 1200mm。

2）柱为大偏心受压，基础高度或基础顶面至中间层钢筋网片顶面距离不小于 1400mm。

（5）图中，d 为柱纵筋直径。

柱纵向钢筋在基础中构造的具体构造要点为：

1）保护层厚度>$5d$；基础高度满足直锚

柱纵筋"伸至基础板底部，支承在底板钢筋网片上"，弯折"$6d$ 且≥150mm"；而且，墙身竖向分布钢筋在基础内设置"间距≤500mm，且不少于两道矩形封闭箍筋（非复合箍）"。

2）保护层厚度>$5d$；基础高度不满足直锚

柱纵筋"伸至基础板底部，支承在底板钢筋网片上"，且锚固垂直段"≥$0.6l_{abE}$，≥$20d$"，弯折"$15d$"；而且，墙身竖向分布钢筋在基础内设置"间距≤500mm，且不少于两道矩形封闭箍筋（非复合箍）"。

3）保护层厚度≤$5d$；基础高度满足直锚

柱纵筋"伸至基础板底部，支承在底板钢筋网片上"，弯折"$6d$ 且≥150mm"；而且，墙身竖向分布钢筋在基础内设置"锚固区横向箍筋（非复合箍）"。

4）保护层厚度≤$5d$；基础高度不满足直锚

柱纵筋"伸至基础板底部，支承在底板钢筋网片上"，且锚固垂直段"≥$0.6l_{abE}$，≥$20d$"，弯折"$15d$"；而且，墙身竖向分布钢筋在基础内设置"锚固区横向箍筋（非复合箍）"。

2.3 柱构件钢筋计算

24. 梁上柱纵筋如何计算？

梁上柱插筋可分为三种构造形式：绑扎搭接、机械连接和焊接连接，如图 2-21 所示。其计算公式为：

（1）绑扎搭接

梁上柱长插筋长度 ＝梁高度－梁保护层厚度－∑[梁底部钢筋直径
$$+\max(25,d)]+15d+\max(H_n/6,500,h_c)+2.3l_{lE}$$

$$梁上柱短插筋长度 = 梁高度 - 梁保护层厚度 - \sum[梁底部钢筋直径$$
$$+ \max(25, d)] + 15d + \max(H_n/6, 500, h_c) + l_{lE}$$

（2）机械连接

$$梁上柱长插筋长度 = 梁高度 - 梁保护层厚度 - \sum[梁底部钢筋直径$$
$$+ \max(25, d)] + 15d + \max(H_n/6, 500, h_c) + 35d$$

$$梁上柱短插筋长度 = 梁高度 - 梁保护层厚度 - \sum[梁底部钢筋直径$$
$$+ \max(25, d)] + 15d + \max(H_n/6, 500, h_c)$$

（3）焊接连接

$$梁上柱长插筋长度 = 梁高度 - 梁保护层厚度 - \sum[梁底部钢筋直径$$
$$+ \max(25, d)] + 15d + \max(H_n/6, 500, h_c) + \max(35d, 500)$$

$$梁上柱短插筋长度 = 梁高度 - 梁保护层厚度 - \sum[梁底部钢筋直径$$
$$+ \max(25, d)] + 15d + \max(H_n/6, 500, h_c)$$

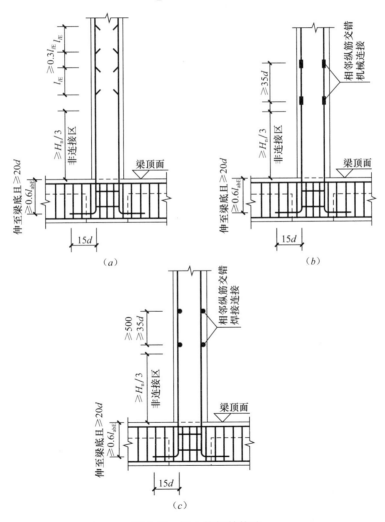

图 2-21 梁上柱插筋构造

（a）绑扎搭接；（b）机械连接；（c）焊接连接

25. 墙上柱纵筋如何计算?

墙上柱插筋可分为三种构造形式:绑扎搭接、机械连接和焊接连接,如图 2-22 所示。其计算公式为:

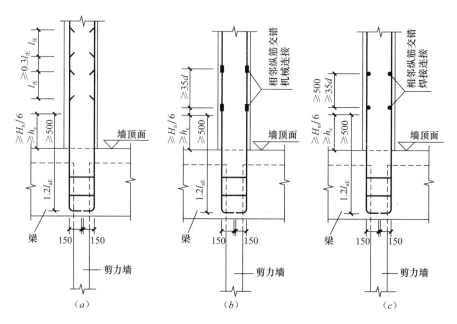

图 2-22 墙上柱插筋构造
(a) 绑扎搭接;(b) 机械连接;(c) 焊接连接

(1) 绑扎搭接

$$墙上柱长插筋长度 = 1.2l_{aE} + \max(H_n/6, 500, h_c) + 2.3l_{lE}$$
$$+ 弯折(h_c/2 - 保护层厚度 + 2.5d)$$

$$墙上柱短插筋长度 = 1.2l_{aE} + \max(H_n/6, 500, h_c) + 2.3l_{lE}$$
$$+ 弯折(h_c/2 - 保护层厚度 + 2.5d)$$

(2) 机械连接

$$墙上柱长插筋长度 = 1.2l_{aE} + \max(H_n/6, 500, h_c) + 35d$$
$$+ 弯折(h_c/2 - 保护层厚度 + 2.5d)$$

$$墙上柱短插筋长度 = 1.2l_{aE} + \max(H_n/6, 500, h_c)$$
$$+ 弯折(h_c/2 - 保护层厚度 + 2.5d)$$

(3) 焊接连接

$$墙上柱长插筋长度 = 1.2l_{aE} + \max(H_n/6, 500, h_c) + \max(35d, 500)$$
$$+ 弯折(h_c/2 - 保护层厚度 + 2.5d)$$

$$墙上柱短插筋长度 = 1.2l_{aE} + \max(H_n/6, 500, h_c)$$
$$+ 弯折(h_c/2 - 保护层厚度 + 2.5d)$$

26. 顶层纵筋如何计算？

（1）顶层中柱纵筋计算

1）顶层弯锚

① 绑扎搭接（图 2-23）

顶层中柱长筋长度 = 顶层高度 − 保护层厚度 − $\max(2H_n/6,500,h_c)+12d$

顶层中柱短筋长度 = 顶层高度 − 保护层厚度 − $\max(2H_n/6,500,h_c)-500+12d$

② 机械连接（图 2-24）

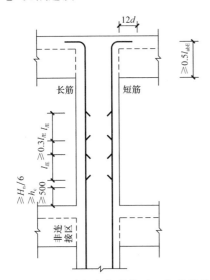
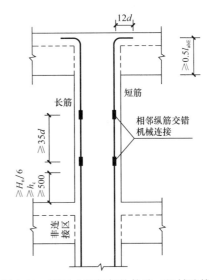

图 2-23　顶层中间框架柱构造（绑扎搭接）　　图 2-24　顶层中间框架柱构造（机械连接）

顶层中柱长筋长度 = 顶层高度 − 保护层厚度 − $\max(2H_n/6,500,h_c)+12d$

顶层中柱短筋长度 = 顶层高度 − 保护层厚度 − $\max(2H_n/6,500,h_c)-500+12d$

③ 焊接连接（图 2-25）

顶层中柱长筋长度 = 顶层高度 − 保护层厚度 − $\max(2H_n/6,500,h_c)+12d$

顶层中柱短筋长度 = 顶层高度 − 保护层厚度 − $\max(2H_n/6,500,h_c)$

$-\max(35d,500)+12d$

2）顶层直锚

① 绑扎搭接（图 2-26）

顶层中柱长筋长度 = 顶层高度 − 保护层厚度 − $\max(2H_n/6,500,h_c)$

顶层中柱短筋长度 = 顶层高度 − 保护层厚度 − $\max(2H_n/6,500,h_c)-1.3l_{lE}$

② 机械连接（图 2-27）

顶层中柱长筋长度 = 顶层高度 − 保护层厚度 − $\max(2H_n/6,500,h_c)$

顶层中柱短筋长度 = 顶层高度 − 保护层厚度 − $\max(2H_n/6,500,h_c)-500$

③ 焊接连接（图 2-28）

顶层中柱长筋长度 = 顶层高度 − 保护层厚度 − $\max(2H_n/6,500,h_c)$

顶层中柱短筋长度 = 顶层高度 − 保护层厚度 − $\max(2H_n/6,500,h_c)-\max(35d,500)$

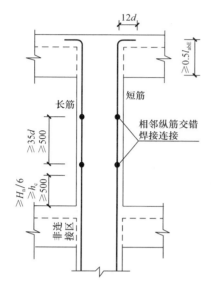

图 2-25　顶层中间框架柱构造（焊接连接）

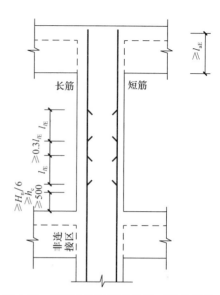

图 2-26　顶层中间框架柱构造（绑扎搭接）

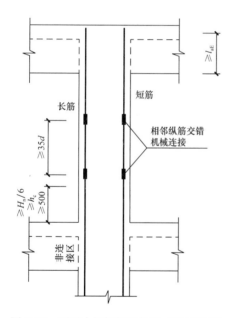

图 2-27　顶层中间框架柱构造（机械连接）

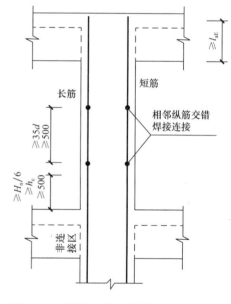

图 2-28　顶层中间框架柱构造（焊接连接）

（2）顶层边柱纵筋计算

以顶层边角柱中节点 D 构造为例，讲解顶层边柱纵筋计算方法。

1）绑扎搭接

当采用绑扎搭接接头时，顶层边角柱节点 D 构造如图 2-29 所示。计算简图如图 2-30 所示。

①号钢筋（柱内侧纵筋）——直锚长度$<l_{aE}$

长筋长度：

$$l = H_n - 梁保护层厚度\ c - \max(H_n/6, h_c, 500) + 12d$$

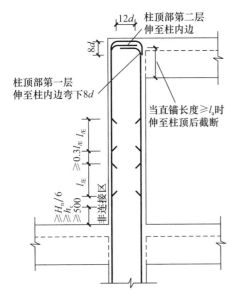

图 2-29　顶层边角柱节点 D 构造（绑扎搭接）

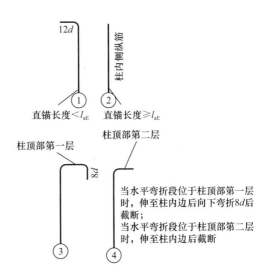

图 2-30　计算简图

短筋长度：
$$l = H_n - 梁保护层厚度\,c - \max(H_n/6, h_c, 500) - 1.3l_{lE} + 12d$$

②号钢筋（柱内侧纵筋）——直锚长度≥l_{aE}

长筋长度：
$$l = H_n - 梁保护层厚度\,c - \max(H_n/6, h_c, 500)$$

短筋长度：
$$l = H_n - 梁保护层厚度\,c - \max(H_n/6, h_c, 500) - 1.3l_{lE}$$

③号钢筋（柱顶第一层钢筋）

长筋长度：
$$l = H_n - 梁保护层厚度\,c - \max(H_n/6, h_c, 500) + 柱宽 - 2\times柱保护层厚度\,c + 8d$$

短筋长度：
$$l = H_n - 梁保护层厚度\,c - \max(H_n/6, h_c, 500) - 1.3l_{lE} + 柱宽 - 2\times柱保护层厚度\,c + 8d$$

④号钢筋（柱顶第二层钢筋）

长筋长度：
$$l = H_n - 梁保护层厚度\,c - \max(H_n/6, h_c, 500) + 柱宽 - 2\times柱保护层厚度\,c$$

短筋长度：
$$l = H_n - 梁保护层厚度\,c - \max(H_n/6, h_c, 500) - 1.3l_{lE} + 柱宽 - 2\times柱保护层厚度\,c$$

2）焊接或机械连接

当采用焊接或机械连接接头时，顶层边角柱节点 D 构造如图 2-31 所示。计算简图如图 2-32 所示。

①号钢筋（柱内侧纵筋）——直锚长度<l_{aE}

长筋长度：
$$l = H_n - 梁保护层厚度\,c - \max(H_n/6, h_c, 500) + 12d$$

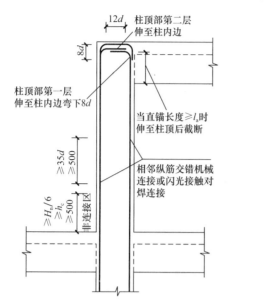

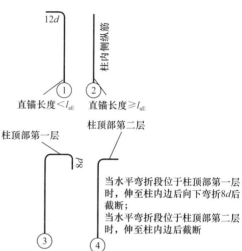

图 2-31　顶层边角柱节点 D 构造（焊接或机械连接）　　图 2-32　计算简图

短筋长度：

$$l = H_n - 梁保护层厚度 c - \max(H_n/6, h_c, 500) - \max(35d, 500) + 12d$$

②号钢筋（柱内侧纵筋）——直锚长度 $\geq l_{aE}$

长筋长度：

$$l = H_n - 梁保护层厚度 c - \max(H_n/6, h_c, 500)$$

短筋长度：

$$l = H_n - 梁保护层厚度 c - \max(H_n/6, h_c, 500) - \max(35d, 500)$$

③号钢筋（柱顶第一层钢筋）

长筋：

$$l = H_n - 梁保护层厚度 c - \max(H_n/6, h_c, 500) + 柱宽 - 2 \times 柱保护层厚度 c + 8d$$

短筋长度：

$$l = H_n - 梁保护层厚度 c - \max(H_n/6, h_c, 500) - \max(35d, 500) + 柱宽 - 2 \times 柱保护层厚度 c + 8d$$

④号钢筋（柱顶第二层钢筋）

长筋长度：

$$l = H_n - 梁保护层厚度 c - \max(H_n/6, h_c, 500) + 柱宽 - 2 \times 柱保护层厚度 c$$

短筋长度：

$$l = H_n - 梁保护层厚度 c - \max(H_n/6, h_c, 500) - \max(35d, 500) + 柱宽 - 2 \times 柱保护层厚度 c$$

27. 柱箍筋和拉筋如何计算？

柱箍筋计算包括柱箍筋长度计算及柱箍筋根数计算两大部分内容，框架柱箍筋布置要求主要应考虑以下几个方面：

1）沿复合箍筋周边，箍筋局部重叠不宜多于两层，并且尽量不在两层位置的中部设置纵筋；

2）抗震设计时，柱箍筋的弯钩角度为 $135°$，弯钩平直段长度为 $\max(10d，75)$；

3）为使箍筋强度均衡，当拉筋设置在旁边时，可沿竖向将相邻两道箍筋按其各自平面位置交错放置；

4）柱纵向钢筋布置尽量设置在箍筋的转角位置，两个转角位置中部最多只能设置一根纵筋。

箍筋常用的复合方式为 $m×n$ 肢箍形式，由外封闭箍筋、小封闭箍筋和单肢箍形式组成，箍筋长度计算即为复合箍筋总长度的计算，其各自的计算方法为：

（1）单肢箍

$m×n$ 箍筋复合方式，当肢数为单数时由若干双肢箍和一根单肢箍形式组合而成，该单肢箍的构造要求为：同时，勾住纵筋与外封闭箍筋。

单肢箍（拉筋）长度计算方法为：

$$长度＝截面尺寸 b 或 h－柱保护层 c×2＋2×d_{箍筋}＋2×d_{拉筋}＋2×l_w$$

（2）双肢箍

外封闭箍筋（大双肢箍）长度计算方法为：

$$长度＝(b－2×柱保护层 c)×2＋(h－2×柱保护层 c)×2＋2×l_w$$

（3）小封闭箍筋（小双肢箍）

纵筋根数决定了箍筋的肢数，纵筋在复合箍筋框内按均匀、对称原则布置，计算小箍筋长度时应考虑纵筋的排布关系进行计算：最多每隔一根纵筋应有一根箍筋或拉筋进行拉结；箍筋的重叠不应多于两层；按柱纵筋等间距分布排列设置箍筋，如图 2-33 所示。

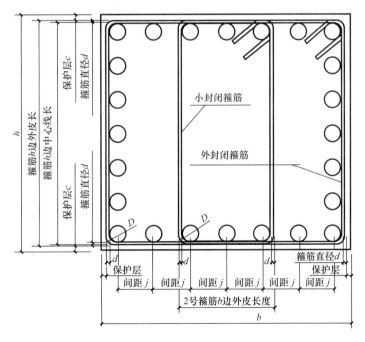

图 2-33　柱箍筋图计算示意图

小封闭箍筋（小双肢箍）长度计算方法为：

$$长度 = \left[\frac{b-2\times柱保护层_c-d_{纵筋}}{纵筋根数-1}\times间距个数 + d_{纵筋} + 2\times d_{小箍筋}\right]$$
$$\times 2 + (h - 2\times柱保护层)\times 2 + 2\times l_w$$

（4）箍筋弯钩长度的取值

钢筋弯折后的具体长度与原始长度不等，原因是弯折过程有钢筋损耗。计算中，箍筋长度计算是按箍筋外皮计算，则箍筋弯折 90° 位置的度量长度差值不计，箍筋弯折 135° 弯钩的量度差值为 1.9d。因此，箍筋的弯钩长度统一取值为 $l_w = \max(11.9d, 75 + 1.9d)$。

28. 柱纵筋上下层配筋量不同时钢筋如何计算?

（1）上柱钢筋比下柱钢筋多（图 2-34）

多出的钢筋需要插筋，其他钢筋同是中间层。

$$短插筋 = \max(H_n/6, 500, h_c) + l_{lE} + 1.2l_{aE}$$
$$长插筋 = \max(H_n/6, 500, h_c) + 2.3l_{lE} + 1.2l_{aE}$$

（2）下柱钢筋比上柱多（图 2-35）

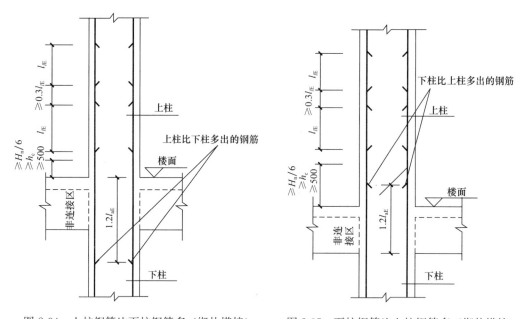

图 2-34 上柱钢筋比下柱钢筋多（绑扎搭接）　　图 2-35 下柱钢筋比上柱钢筋多（绑扎搭接）

下柱多出的钢筋在上层锚固，其他钢筋同是中间层。

$$短插筋 = 下层层高 - \max(H_n/6, 500, h_c) - 梁高 + 1.2l_{aE}$$
$$长插筋 = 下层层高 - \max(H_n/6, 500, h_c) - 1.3l_{lE} - 梁高 + 1.2l_{aE}$$

（3）上柱钢筋直径比下柱钢筋直径大（图 2-36）

1）绑扎搭接

下层柱纵筋长度 = 下层第一层层高 - $\max(H_{n1}/6, 500, h_c)$ + 下柱第二层层高

$$-梁高-\max(H_{n2}/6,500,h_c)-1.3l_{lE}$$

$$上柱纵筋插筋长度=2.3l_{lE}+\max(H_{n2}/6,500,h_c)+\max(H_{n3}/6,500,h_c)+l_{lE}$$

$$上层柱纵筋长度=l_{lE}+\max(H_{n4}/6,500,h_c)+本层层高+梁高$$
$$+\max(H_{n2}/6,500,h_c)+2.3l_{lE}$$

2）机械连接

$$下层柱纵筋长度=下层第一层层高-\max(H_{n1}/6,500,h_c)+下柱第二层层高$$
$$-梁高-\max(H_{n2}/6,500,h_c)$$

$$上柱纵筋插筋长度=\max(H_{n2}/6,500,h_c)+\max(H_{n3}/6,500,h_c)+500$$

$$上层柱纵筋长度=\max(H_{n4}/6,500,h_c)+500+本层层高+梁高+\max(H_{n2}/6,500,h_c)$$

3）焊接连接

$$下层柱纵筋长度=下层第一层层高-\max(H_{n1}/6,500,h_c)+下柱第二层层高$$
$$-梁高-\max(H_{n2}/6,500,h_c)$$

$$上柱纵筋插筋长度=\max(H_{n2}/6,500,h_c)+\max(H_{n3}/6,500,h_c)$$
$$+\max(35d,500)$$

$$上层柱纵筋长度=\max(H_{n4}/6,500,h_c)+\max(35d,500)+本层层高+梁高$$
$$+\max(H_{n2}/6,500,h_c)$$

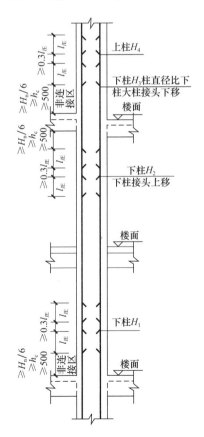

图 2-36　上柱钢筋直径比下柱钢筋直径大（绑扎搭接）

第3章　剪力墙结构

3.1　剪力墙平法施工图制图规则

1. 剪力墙平法施工图包括哪些内容?

剪力墙平法施工图的主要内容包括:
(1) 图名和比例,剪力墙平法施工图的比例应与建筑平面图相同;
(2) 定位轴线及其编号、间距尺寸;
(3) 剪力墙柱、剪力墙身和剪力墙梁的编号、平面布置;
(4) 每一种编号剪力墙柱、剪力墙身和剪力墙梁的标高、截面尺寸、配筋情况;
(5) 必要的设计详图和说明。

2. 剪力墙平法施工图的表示方法有哪些?

(1) 剪力墙平法施工图系在剪力墙平面布置图上,采用列表注写方式或截面注写方式表达。

(2) 剪力墙平面布置图可采用适当比例单独绘制,也可与柱或梁平面布置图合并绘制。当剪力墙较复杂或采用截面注写方式时,应按标准层分别绘制剪力墙平面布置图。

(3) 在剪力墙平法施工图中,应当用表格或其他方式注明各结构层的楼面标高、结构层高及相应的结构层号,尚应注明上部结构嵌固部位位置。

(4) 对于轴线未居中的剪力墙(包括端柱),应标注其偏心定位尺寸。

3. 剪力墙平法施工图识读步骤有哪些?

剪力墙平法施工图可按如下步骤识读:
(1) 查看图名、比例。
(2) 首先,校核轴线编号及其间距尺寸,要求必须与建筑图、基础平面图保持一致。
(3) 与建筑图配合,明确各段剪力墙的暗柱和端柱的编号、数量及位置,墙身的编号和长度,洞口的定位尺寸。
(4) 阅读结构设计总说明或有关说明,明确剪力墙的混凝土强度等级。
(5) 所有洞口的上方必须设置连梁,且连梁的编号应与剪力墙洞口编号对应。根据连梁的编号,查阅剪力墙梁表或图中标注,明确连梁的截面尺寸、标高和配筋情况。再根据抗震等级、设计要求和标注构造详图,确定纵向钢筋和箍筋的构造要求,如纵向钢筋深入墙面的锚固长度、箍筋的位置要求等。

（6）根据各段剪力墙端柱、暗柱和小墙肢的编号，查阅剪力墙柱表或图中截面标注等，明确端柱、暗柱和小墙肢的截面尺寸、标高和配筋情况。再根据抗震等级、设计要求和标准构造详图，确定纵向钢筋的箍筋构造要求，如箍筋加密区的范围，纵向钢筋的连接方式、位置和搭接长度、弯折要求、柱头锚固要求。

（7）根据各段剪力墙身的编号，查阅剪力墙身表或图中标注，明确剪力墙身的厚度、标高和配筋情况。再根据抗震等级、设计要求和标准构造详图，确定水平分布筋、竖向分布筋和拉筋的构造要求，如水平钢筋的锚固和搭接长度、弯折要求，竖向钢筋的连接的方式、位置和搭接长度、弯折的锚固要求。

需要特别说明的是，不同楼层的剪力墙混凝土等级由下向上会有变化，同一楼层，墙和梁板的混凝土强度等级可能也有所不同，应格外注意。

4. 剪力墙列表注写方式包括哪些内容？

（1）为表达清楚、简便，剪力墙可视为由剪力墙柱、剪力墙身和剪力墙梁三类构件构成。

列表注写方式，系分别在剪力墙柱表、剪力墙身表和剪力墙梁表中，对应剪力墙平面布置图上的编号，用绘制截面配筋图并注写几何尺寸与配筋具体数值的方式，来表达剪力墙平法施工图。

（2）编号规定：将剪力墙按剪力墙柱、剪力墙身、剪力墙梁（简称为墙柱、墙身、墙梁）三类构件分别编号。

1）墙柱编号，由墙柱类型代号和序号组成，表达形式见表 3-1。

墙柱编号   表 3-1

墙柱类型	编号	序号
约束边缘构件	YBZ	××
构造边缘构件	GBZ	××
非边缘暗柱	AZ	××
扶壁柱	FBZ	××

注：约束边缘构件包括约束边缘暗柱、约束边缘端柱、约束边缘翼墙和约束边缘转角墙四种（图 3-1）。构造边缘构件包括构造边缘暗柱、构造边缘端柱、构造边缘翼墙和构造边缘转角墙四种（图 3-2）。

2）墙身编号，由墙身代号、序号以及墙身所配置的水平与竖向分布钢筋的排数组成，其中，排数注写在括号内。表达形式为：

$$Q\times\times(\times 排)$$

在编号中：如若干墙柱的截面尺寸与配筋均相同，仅截面与轴线的关系不同时，可将其编为同一墙柱号；又如若干墙身的厚度尺寸和配筋均相同，仅墙厚与轴线的关系不同或墙身长度不同时，也可将其编为同一墙身号，但应在图中注明与轴线的几何关系。

当墙身所设置的水平与竖向分布钢筋的排数为 2 时可不注。

对于分布钢筋网的排数规定：当剪力墙厚度不大于 400mm 时，应配置双排；当剪力墙厚度大于 400mm 但不大于 700mm 时，宜配置三排；当剪力墙厚度大于 700mm 时，宜配置四排，如图 3-3 和图 3-4 所示。

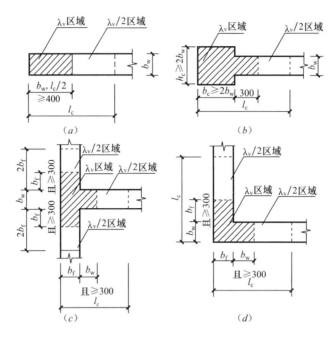

图 3-1　约束边缘构件

（a）约束边缘暗柱；（b）约束边缘端柱；（c）约束边缘翼墙；（d）约束边缘转角墙

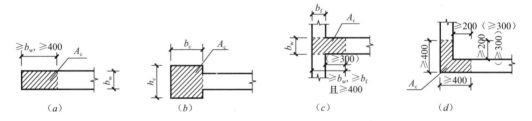

图 3-2　构造边缘构件

（a）构造边缘暗柱；（b）构造边缘端柱；（c）构造边缘翼墙（括号中数值用于高层建筑）；

（d）构造边缘转角墙（括号中数值用于高层建筑）

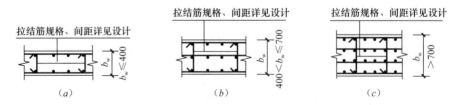

图 3-3　剪力墙身水平钢筋网排数

（a）剪力墙双排配筋；（b）剪力墙三排配筋；（c）剪力墙四排配筋

各排水平分布钢筋和竖向分布钢筋的直径与间距宜保持一致。

当剪力墙配置的分布钢筋多于两排时，剪力墙拉筋两端应同时勾住外排水平纵筋和竖向纵筋，还应与剪力墙内排水平纵筋和竖向纵筋绑扎在一起。

3）墙梁编号，由墙梁类型代号和序号组成，表达形式见表 3-2。

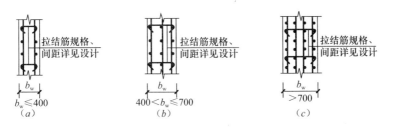

图 3-4 剪力墙竖向钢筋网排数

(a) 剪力墙双排配筋；(b) 剪力墙三排配筋；(c) 剪力墙四排配筋

墙梁编号   表 3-2

墙梁类型	代号	序号
连梁	LL	××
连梁（对角暗撑配筋）	LL (JC)	××
连梁（交叉斜筋配筋）	LL (JX)	××
连梁（集中对角斜筋配筋）	LL (DX)	××
连梁（跨高比不小于5）	LLk	××
暗梁	AL	××
边框梁	BKL	××

注：1. 在具体工程中，当某些墙身需设置暗梁或边框梁时，宜在剪力墙平法施工图中绘制暗梁或边框梁的平面布置图并编号，以明确其具体位置。

2. 跨高比不小于 5 的连梁按框架梁设计时，代号为 LLk。

（3）在剪力墙柱表中表达的内容，规定如下：

1）注写墙柱编号（见表 3-1），绘制该墙柱的截面配筋图，标注墙柱几何尺寸。

① 约束边缘构件（见图 3-1），需注明阴影部分尺寸。

注：剪力墙平面布置图中应注明约束边缘构件沿墙肢长度 l_c（约束边缘翼墙中沿墙肢长度尺寸为 $2b_f$ 时可不注）。

② 构造边缘构件（见图 3-2），需注明阴影部分尺寸。

③ 扶壁柱及非边缘暗柱需标注几何尺寸。

2）注写各段墙柱的起止标高，自墙柱根部往上以变截面位置或截面未变但配筋改变处为界分段注写。墙柱根部标高系指基础顶面标高（部分框支剪力墙结构则为框支梁顶面标高）。

3）注写各段墙柱的纵向钢筋和箍筋，注写值应与在表中绘制的截面配筋图对应一致。纵向钢筋注写总配筋值；墙柱箍筋的注写方式与柱箍筋相同。

设计施工时应注意：

① 在剪力墙平面布置图中需注写约束边缘构件非阴影区内布置的拉筋或箍筋直径，与阴影区箍筋直径相同时，可不注。

② 当约束边缘构件体积配箍率计算中计入墙身水平分布钢筋时，设计者应注明。施工时，墙身水平分布钢筋应注意采用相应的构造做法。

③ 本书约束边缘构件非阴影区拉筋是沿剪力墙竖向分布钢筋逐根设置。施工时应注意，非阴影区外圈设置箍筋时，箍筋应包住阴影区内第二列竖向纵筋。当设计采用与本构

件详图不同的做法时，应另行注明。

④ 当非底部加强部位构造边缘构件不设置外圈封闭箍筋时，设计者应注明。施工时，墙身水平分布钢筋应注意采用相应的构造做法。

（4）在剪力墙身表中表达的内容，规定如下：

1）注写墙身编号（含水平与竖向分布钢筋的排数）。

2）注写各段墙身起止标高，自墙身根部往上以变截面位置或截面未变但配筋改变处为界分段注写。墙身根部标高系指基础顶面标高（部分框支剪力墙结构则为框支梁顶面标高）。

3）注写水平分布钢筋、竖向分布钢筋和拉筋的具体数值。注写数值为一排水平分布钢筋和竖向分布钢筋的规格与间距，具体设置几排已经在墙身编号后面表达。

拉筋应注明布置方式"矩形"或"梅花"布置，用于剪力墙分布钢筋的拉结，见图 3-5（图中，a 为竖向分布钢筋间距，b 为水平分布钢筋间距）。

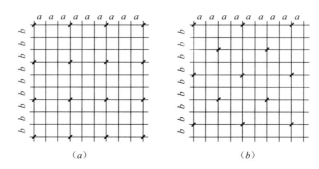

图 3-5 拉结筋设置示意

（a）拉结筋@$3a3b$ 矩形（$a \leqslant 200mm$、$b \leqslant 200mm$）；（b）拉结筋@$4a4b$ 梅花（$a \leqslant 150mm$、$b \leqslant 150mm$）

（5）在剪力墙梁表中表达的内容，规定如下：

1）注写墙梁编号。

2）注写墙梁所在楼层号。

3）注写墙梁顶面标高高差，系指相对于墙梁所在结构层楼面标高的高差值，高于者为正值，低于者为负值，当无高差时不注。

4）注写墙梁截面尺寸 $b \times h$，上部纵筋，下部纵筋和箍筋的具体数值。

5）当连梁设有对角暗撑时〔代号为 LL（JC）××〕，注写暗撑的截面尺寸（箍筋外皮尺寸）；注写一根暗撑的全部纵筋，并标注×2 表明有两根暗撑相互交叉；注写暗撑箍筋的具体数值。

6）当连梁设有交叉斜筋时〔代号为 LL（JX）××〕，注写连梁一侧对角斜筋的配筋值，并标注×2 表明对称设置；注写对角斜筋在连梁端部设置的拉筋根数、强度级别及直径，并标注×4 表示四个角都设置；注写连梁一侧折线筋配筋值，并标注×2 表明对称设置。

7）当连梁设有集中对角斜筋时〔代号为 LL（DX）××〕，注写一条对角线上的对角斜筋，并标注×2 表明对称设置。

8）跨高比不小于 5 的连梁，按框架梁设计时（代号为 LLk××），采用平面注写方式，注写规则同框架梁，可采用适当比例单独绘制，也可与剪力墙平法施工图合并绘制。

墙梁侧面纵筋的配置，当墙身水平分布钢筋满足连梁、暗梁及边框梁的梁侧面纵向构造钢筋的要求时，该筋配置同墙身水平分布钢筋，表中不注，施工按标准构造详图的要求即可。当墙身水平分布钢筋不满足连梁、暗梁及边框梁的梁侧面纵向构造钢筋的要求时，应在表中补充注明梁侧面纵筋的具体数值；当为 LLk 时，平面注写方式以大写字母"N"打头。梁侧面纵向钢筋在支座内锚固要求同连梁中受力钢筋。

（6）采用列表注写方式分别表达剪力墙墙梁、墙身和墙柱的平法施工图示例，如图 3-6 所示。

5. 剪力墙截面注写方式包括哪些内容？

（1）截面注写方式，系在分标准层绘制的剪力墙平面布置图上，以直接在墙柱、墙身、墙梁上注写截面尺寸和配筋具体数值的方式来表达剪力墙平法施工图。

（2）选用适当比例原位放大绘制剪力墙平面布置图，其中对墙柱绘制配筋截面图；对所有墙柱、墙身、墙梁进行编号，并分别在相同编号的墙柱、墙身、墙梁中选择一根墙柱、一道墙身、一根墙梁进行注写，其注写方式按以下规定进行：

1）从相同编号的墙柱中选择一个截面，注明几何尺寸，标注全部纵筋及箍筋的具体数值。

注：约束边缘构件（见图 3-1）除需注明阴影部分具体尺寸外，尚需注明约束边缘构件沿墙肢长度 l_c，约束边缘翼墙中沿墙肢长度尺寸为 $2b_f$ 时可不注。

2）从相同编号的墙身中选择一道墙身，按顺序引注的内容为：墙身编号（应包括注写在括号内墙身所配置的水平与竖向分布钢筋的排数）、墙厚尺寸，水平分布钢筋、竖向分布钢筋和拉筋的具体数值。

3）从相同编号的墙梁中选择一根墙梁，按顺序引注的内容为：

① 注写墙梁编号、墙梁截面尺寸 $b×h$、墙梁箍筋、上部纵筋、下部纵筋和墙梁顶面标高高差的具体数值。

② 当连梁设有对角暗撑时［代号为 LL（JC）××］，注写暗撑的截面尺寸（箍筋外皮尺寸）；注写一根暗撑的全部纵筋，并标注×2 表明有两根暗撑相互交叉；注写暗撑箍筋的具体数值。

③ 当连梁设有交叉斜筋时［代号为 LL（JX）××］，注写连梁一侧对角斜筋的配筋值，并标注×2 表明对称设置；注写对角斜筋在连梁端部设置的拉筋根数、规格及直径，并标注×4 表示四个角都设置；注写连梁一侧折线筋配筋值，并标注×2 表明对称设置。

④ 当连梁设有集中对角斜筋时［代号为 LL（DX）××］，注写一条对角线上的对角斜筋，并标注×2 表明对称设置。

⑤ 跨高比不小于 5 的连梁，按框架梁设计时（代号为 LLk××），采用平面注写方式，注写规则同框架梁，可采用适当比例单独绘制，也可与剪力墙平法施工图合并绘制。

当墙身水平分布钢筋不能满足连梁、暗梁及边框梁的梁侧面纵向构造钢筋的要求时，应补充注明梁侧面纵筋的具体数值；注写时，以大写字母 N 打头，接续注写直径与间距。其在支座内的锚固要求同连梁中受力钢筋。

（3）采用截面注写方式表达的剪力墙平法施工图示例见图 3-7。

剪力墙梁表

编号	所在楼层号	梁顶相对标高高差	梁截面 $b \times h$	上部纵筋	下部纵筋	箍筋
LL1	2~9	0.800	300×2000	4Φ25	4Φ25	Φ10@100(2)
	10~16	0.800	250×2000	4Φ25	4Φ22	Φ10@100(2)
	屋面1		250×1200	4Φ20	4Φ20	Φ10@100(2)
LL2	3	-1.200	300×2520	4Φ25	4Φ25	Φ10@150(2)
	4	-0.900	300×2070	4Φ25	4Φ25	Φ10@150(2)
	5~9	-0.900	300×1770	4Φ25	4Φ25	Φ10@150(2)
	10~屋面1	-0.900	250×1770	4Φ22	4Φ22	Φ10@150(2)
LL3	2		300×2070	4Φ25	4Φ25	Φ10@100(2)
	3		300×1770	4Φ25	4Φ25	Φ10@100(2)
	4~9		300×1170	4Φ25	4Φ25	Φ10@100(2)
	10~屋面1		250×1170	4Φ22	4Φ22	Φ10@100(2)
LL4	2		250×2070	4Φ20	4Φ20	Φ10@120(2)
	3		250×1770	4Φ20	4Φ20	Φ10@120(2)
	4~屋面1		250×1170	4Φ20	4Φ20	Φ10@120(2)
AL1	2~9		300×600	3Φ20	3Φ20	Φ8@150(2)
	10~16		250×500	3Φ18	3Φ18	Φ8@150(2)
BKL1	屋面1		500×750	4Φ22	4Φ22	Φ10@150(2)

剪力墙身表

编号	标高	墙厚	水平分布筋	垂直分布筋	拉筋(矩形)
Q1	-0.030~30.270	300	Φ12@200	Φ12@200	Φ6@600@600
	30.270~59.070	250	Φ10@200	Φ10@200	Φ6@600@600
Q2	-0.030~30.270	250	Φ10@200	Φ10@200	Φ6@600@600
	30.270~59.070	200	Φ10@200	Φ10@200	Φ6@600@600

图3-6 剪力墙平法施工图列表注写方式示例(一)

60

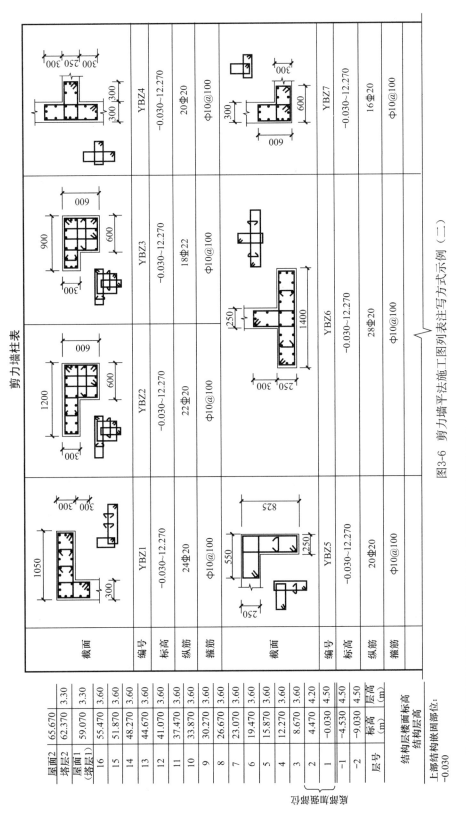

剪力墙柱表

截面	YBZ1	YBZ2	YBZ3	YBZ4
编号	YBZ1	YBZ2	YBZ3	YBZ4
标高	-0.030~12.270	-0.030~12.270	-0.030~12.270	-0.030~12.270
纵筋	24Φ20	22Φ20	18Φ22	20Φ20
箍筋	Φ10@100	Φ10@100	Φ10@100	Φ10@100
截面	YBZ5	YBZ6	YBZ7	
编号	YBZ5	YBZ6	YBZ7	
标高	-0.030~12.270	-0.030~12.270	-0.030~12.270	
纵筋	20Φ20	28Φ20	16Φ20	
箍筋	Φ10@100	Φ10@100	Φ10@100	

图3-6 剪力墙平法施工图列表注写方式示例（二）

注：1. 可在"结构层楼面标高、结构层高表"中增加混凝土强度等级等栏目。
    2. 图中 L_c 为约束边缘构件沿墙肢的伸出长度（实际工程中应注明具体值）。

层号	标高 (m)	层高 (m)
屋面2	65.670	
塔层2	62.370	3.30
屋面1(塔层1)	59.070	3.30
16	55.470	3.60
15	51.870	3.60
14	48.270	3.60
13	44.670	3.60
12	41.070	3.60
11	37.470	3.60
10	33.870	3.60
9	30.270	3.60
8	26.670	3.60
7	23.070	3.60
6	19.470	3.60
5	15.870	3.60
4	12.270	3.60
3	8.670	3.60
2	4.470	4.20
1	-0.030	4.50
-1	-4.530	4.50
-2	-9.030	4.50
层号	标高 (m)	层高 (m)

结构层楼面标高
结构层高

上部结构嵌固部位：
-0.030

61

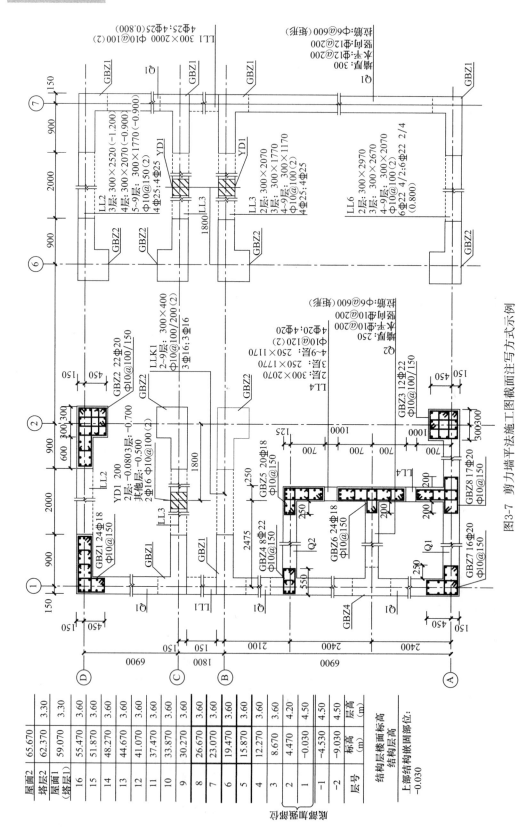

图3-7 剪力墙平法施工图截面注写方式示例

6. 剪力墙洞口表示方法有哪些?

无论采用列表注写方式还是截面注写方式,剪力墙上的洞口均可在剪力墙平面布置图上原位表达。

洞口的具体表示方法:

(1) 在剪力墙平面布置图上绘制

在剪力墙平面布置图上绘制洞口示意,并标注洞口中心的平面定位尺寸。

(2) 在洞口中心位置引注

1) 洞口编号

矩形洞口为 JD×× (××为序号),圆形洞口为 YD×× (××为序号)。

2) 洞口几何尺寸

矩形洞口为洞宽×洞高 ($b×h$),圆形洞口为洞口直径口。

3) 洞口中心相对标高

洞口中心相对标高,系相对于结构层楼(地)面标高的洞口中心高度。当其高于结构层楼面时为正值,低于结构层楼面时为负值。

4) 洞口每边补强钢筋

① 当矩形洞口的洞宽、洞高均不大于 800mm 时,此项注写为洞口每边补强钢筋的具体数值。当洞宽、洞高方向补强钢筋不一致时,分别注写洞宽方向、洞高方向补强钢筋,以"/"分隔。

② 当矩形或圆形洞口的洞宽或直径大于 800mm 时,在洞口的上、下需设置补强暗梁,此项注写为洞口上、下每边暗梁的纵筋与箍筋的具体数值(在标准构造详图中,补强暗梁梁高一律定为 400,施工时按标准构造详图取值,设计不注。当设计者采用与该构造详图不同的做法时,应另行注明),圆形洞口时尚需注明环向加强钢筋的具体数值;当洞口上、下边为剪力墙连梁时,此项免注;洞口竖向两侧设置边缘构件时,亦不在此项表达(当洞口两侧不设置边缘构件时,设计者应给出具体做法)。

③ 当圆形洞口设置在连梁中部 1/3 范围且圆洞直径不应大于 1/3 梁高时,需注写在圆洞上下水平设置的每边补强纵筋与箍筋。

④ 当圆形洞口设置在墙身或暗梁、边框梁位置且洞口直径不大于 300mm 时,此项注写为洞口上下左右每边布置的补强纵筋的具体数值。

⑤ 当圆形洞口直径大于 300mm 但不大于 800mm 时,此项注写为洞口上下左右每边布置的补强纵筋的具体数值,以及环向加强钢筋的具体数值。

7. 地下室外墙表示方法有哪些?

本节地下室外墙仅适用于起挡土作用的地下室外围护墙。地下室外墙中墙柱、连梁及洞口等的表示方法同地上剪力墙。

地下室外墙编号,由墙身代号序号组成。表达为:DWQ××

地下室外墙平面注写方式,包括集中标注墙体编号、厚度、贯通筋、拉筋等和原位标注附加非贯通筋等两部分内容。当仅设置贯通筋，未设置附加非贯通筋时，则仅做集中标注。

（1）集中标注

集中标注的内容包括：

1）地下室外墙编号，包括代号、序号、墙身长度（注为××～××轴）。

2）地下室外墙厚度 $b=×××$。

3）地下室外墙的外侧、内侧贯通筋和拉筋。

① 以 OS 代表外墙外侧贯通筋。其中，外侧水平贯通筋以 H 打头注写，外侧竖向贯通筋以 V 打头注写。

② 以 IS 代表外墙内侧贯通筋。其中，内侧水平贯通筋以 H 打头注写，内侧竖向贯通筋以 V 打头注写。

③ 以 tb 打头注写拉结筋直径、强度等级及间距，并注明"矩形"或"梅花"。

（2）原位标注

地下室外墙的原位标注，主要表示在外墙外侧配置的水平非贯通筋或竖向非贯通筋。

当配置水平非贯通筋时，在地下室墙体平面图上原位标注。在地下室外墙外侧绘制粗实线段代表水平非贯通筋，在其上注写钢筋编号并以 H 打头注写钢筋强度等级、直径、分布间距，以及自支座中线向两边跨内的伸出长度值。当自支座中线向两侧对称伸出时，可仅在单侧标注跨内伸出长度，另一侧不注，此种情况下非贯通筋总长度为标注长度的 2 倍。边支座处非贯通钢筋的伸出长度值从支座外边缘算起。

地下室外墙外侧非贯通筋通常采用"隔一布一"方式与集中标注的贯通筋间隔布置，其标注间距应与贯通筋相同，两者组合后的实际分布间距为各自标注间距的 1/2。

当在地下室外墙外侧底部、顶部、中层楼板位置配置竖向非贯通筋时，应补充绘制地下室外墙竖向剖面图并在其上原位标注。表示方法为在地下室外墙竖向剖面图外侧绘制粗实线段代表竖向非贯通筋，在其上注写钢筋编号并以 V 打头注写钢筋强度等级、直径、分布间距，以及向上（下）层的伸出长度值，并在外墙竖向剖面图名下注明分布范围(××～××轴)。

地下室外墙外侧水平、竖向非贯通筋配置相同者，可仅选择一处注写，其他可仅注写编号。

当在地下室外墙顶部设置水平通长加强钢筋时应注明。

设计时应注意：

1）设计者应按具体情况判定扶壁柱或内墙是否作为墙身水平方向支座，以选择合理的配筋方式。

2）在"顶板作为外墙的简支支承"、"顶板作为外墙的弹性嵌固支承（墙外侧竖向钢筋与板上部纵向受力钢筋搭接连接)"两种做法中，设计者应在施工中指定选用何种做法。

采用平面注写方式表达的地下室剪力墙平法施工图示例如图 3-8 所示。

8. 16G101-1 图集对其他剪力墙结构有哪些规定？

（1）在剪力墙平法施工图中应注明底部加强部位高度范围，以便使施工人员明确在该范围内应按照加强部位的构造要求施工。

（2）当剪力墙中有偏心受拉墙肢时，无论采用何种直径的竖向钢筋，均应采用机械连

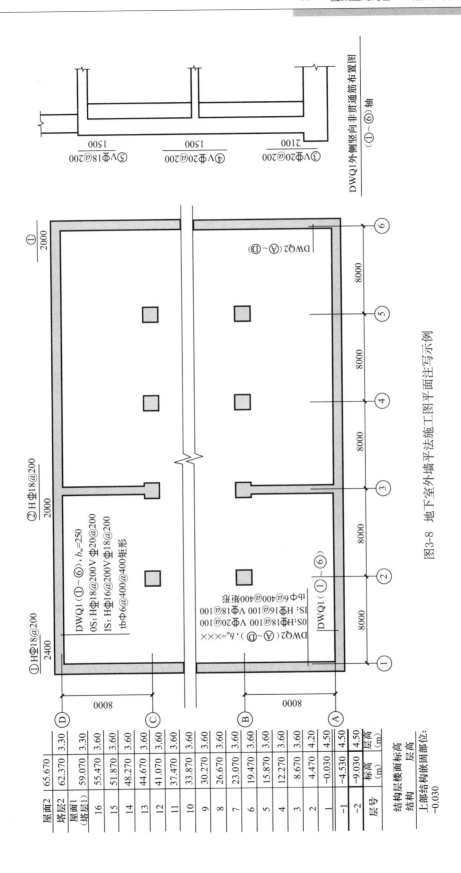

图3-8 地下室外墙平法施工图平面注写示例

接或焊接接长，设计者应在剪力墙平法施工图中加以注明。

（3）抗震等级为一级的剪力墙，水平施工缝处需设置附加竖向插筋时，设计应注明构件位置，并注写附加竖向插筋规格、数量及间距。竖向插筋沿墙身均匀布置。

3.2　剪力墙钢筋识图

9. 剪力墙包含哪些构件?

剪力墙结构包含"一墙、二柱、三梁"，即一种墙身、两种墙柱、三种墙梁。

（1）一种墙身

剪力墙的墙身（Q）就是一道混凝土墙，常见的墙厚度在 200mm 以上，一般配置两排钢筋网。当然，更厚的墙也可能配置三排以上的钢筋网。

剪力墙身的钢筋网设置水平分布筋和垂直分布筋（即竖向分布筋）。布置钢筋时，把水平分布筋放在外侧，垂直分布筋放在水平分布筋的内侧。所以，剪力墙的保护层是针对水平分布筋来说的。

剪力墙身采用拉筋把外侧钢筋网和内侧钢筋网连接起来。若剪力墙身设置三排或更多排的钢筋网，拉筋还要把中间排的钢筋网固定起来。剪力墙的各排钢筋网的钢筋直径和间距是一致的，这为拉筋的连接创造了条件。

（2）两种墙柱

传统意义上的剪力墙柱分成两大类：暗柱和端柱。暗柱的宽度等于墙的厚度，因此暗柱是隐藏在墙内看不见的，这就是"暗柱"这个名称的来由。端柱的宽度比墙厚度要大，约束边缘端柱的长宽尺寸要大于等于两倍墙厚。

16G101-1 图集中之所以把暗柱和端柱统称为"边缘构件"，是因为这些构件被设置在墙肢的边缘部位（墙肢可以理解为一个直墙段）。

这些边缘构件又划分为两大类："构造边缘构件"和"约束边缘构件"。

（3）三种墙梁

16G101-1 图集里的三种剪力墙梁是连梁（LL）、暗梁（AL）和边框梁（BKL）。图集第 78 页给出了连梁的钢筋构造详图，可对于暗梁和边框梁就只给出一个断面图。

1）连梁（LL）

连梁（LL）本身是一种特殊的墙身，它是上下楼层窗（门）洞口之间的那部分水平的窗间墙。（而同一楼层相邻两个窗口之间的垂直窗间墙，一般是暗柱。）

连梁的截面高度一般都在 2000mm 以上，这表明这些连梁是从本楼层窗洞口的上边沿直到上一楼层的窗台处。

然而，有的工程设计的连梁截面高度只有几百毫米，也就是从本楼层窗洞口的上边沿直到上一楼层的楼面标高为止，而从楼面标高到窗台这个高度范围之内，是用砌砖来补齐，这为施工提供了某些方便，因为施工到上一楼面时，不必留下"半个连梁"的槎口，但由于砖砌体不如整体现浇混凝土结实，因此后一种设计形式对于高层建筑来说是十分危险的。

2）暗梁（AL）

暗梁（AL）与暗柱都是墙身的一个组成部分，有一定的相似性——它们都是隐藏在墙身内部看不见的构件。事实上，剪力墙的暗梁和砖混结构的圈梁的共同之处在于它们都是墙身的一个水平线性"加强带"。若梁的定义是一种受弯构件，那么圈梁不是梁，暗梁也不是梁。认清暗梁的这种属性对研究暗梁的构造十分有利。16G101－1 图集里，并没有对暗梁的构造做出详细的介绍，只是在第 78 页给出一个暗梁的断面图。那么，我们可以这样来理解：暗梁的配筋就是按照这个断面图所标注的钢筋截面全长贯通布置的，这与框架梁有上部非贯通纵筋和箍筋加密区，存在极大的差别。

剪力墙中存在大量的暗梁。如前文所述，剪力墙的暗梁和砖混结构的圈梁有些共同之处：圈梁一般设置在楼板之下，现浇圈梁的梁顶标高一般与板顶标高相齐；暗梁也一般是设置在楼板之下，暗梁的梁顶标高一般与板顶标高相齐。认识这一点很重要，有的人一提到"暗梁"就联想到门窗洞口的上方，其实，墙身洞口上方的暗梁是"洞口补强暗梁"。我们在后面讲到剪力墙洞口时，会介绍补强暗梁的构造，与楼板底下的暗梁还是不一样的。暗梁纵筋也是"水平筋"，可以参考剪力墙墙身水平钢筋构造。

3）边框梁（BKL）

边框梁（BKL）与暗梁有很多共同之处：边框梁也一般是设置在楼板以下的部位；边框梁也不是一个受弯构件，那么边框梁也不是梁；因此 16G101－1 图集里对边框梁也与暗梁一视同仁，只是在第 78 页给出一个边框梁的断面图。所以，边框梁的配筋就是按照这个断面图所标注的钢筋截面全长贯通布置的——这与框架梁有上部非贯通纵筋和箍筋加密区，存在极大的差异。

当然，边框梁毕竟和暗梁不一样，它的截面宽度比暗梁宽。也就是说，边框梁的截面宽度大于墙身厚度，因此形成了凸出剪力墙墙面的一个"边框"。因为边框梁与暗梁都设置在楼板以下的部位，所以有了边框梁就可以不设暗梁。

例如，图 3-9 的左图有一个例子工程的"暗梁、边框梁布置简图"，在这个平面布置图中看似是把暗梁 AL1 和边框梁 BKL1 放在一起布置，实际上从剪力墙梁表可以看出，暗梁 AL1 在第 2 层到第 16 层（指建筑楼屋）上设置，而边框梁 BKL1 只是在"屋面"上设置（即仅在最高楼层的顶板处设置）。

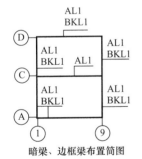

剪力强梁表

编号	楼层号	梁顶相对标高高差	梁截面 $b \times h$	上部纵筋	下部纵筋	箍筋
AL1	2~9		300×600	3⏀18	3⏀18	⏀8@200(2)
	10~16		250×500	3⏀16	3⏀16	⏀8@200(2)
BKL1	屋面		450×700	4⏀25	4⏀25	⏀10@200(2)

注意：1. C轴上只有暗梁AL1，没有边框梁BKL1；
2. AL1与BKL1并不重叠（屋面是顶层，16层是顶层的下一层）。

暗梁、边框梁布置简图

图 3-9　暗梁、边框梁布置简图实例

10. 剪力墙墙身竖向分布钢筋在基础中的构造要求有哪些？

剪力墙墙身竖向分布钢筋在基础中共有三种构造，如图 3-10 所示。

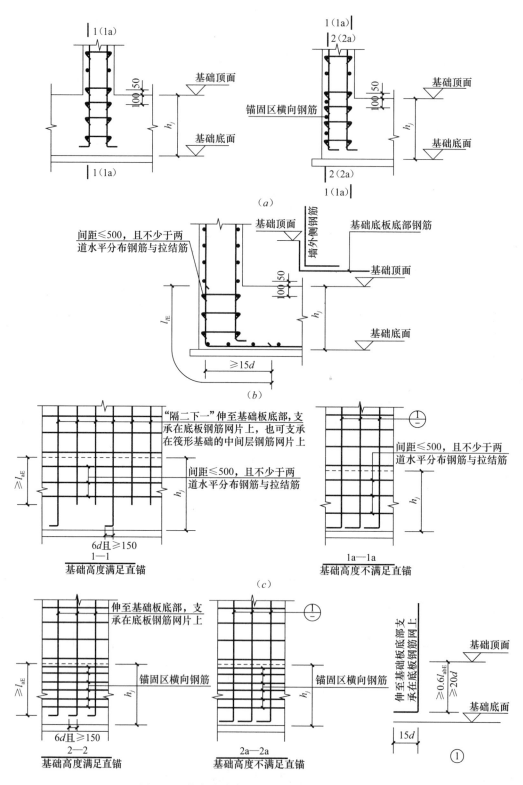

图 3-10　剪力墙墙身竖向分布钢筋在基础中构造

（a）保护层厚度＞5d；（b）保护层厚度≤5d；（c）搭接连接

（1）保护层厚度＞$5d$

墙身两侧竖向分布钢筋在基础中构造见"1—1"剖面，可分为下列两种情况：

1）基础高度满足直锚：墙身竖向分布钢筋"隔二下一"伸至基础板底部，支承在底板钢筋网片上，也可支承在筏形基础的中间层钢筋网片上，弯折 $6d$ 且≥150mm；墙身竖向分布钢筋在柱内设置间距≤500mm，且不小于两道水平分布钢筋与拉结筋。

2）基础高度不满足直锚：墙身竖向分布钢筋伸至基础板底部，支承在底板钢筋网片上，且锚固垂直段≥$0.6l_{abE}$，≥$20d$，弯折 $15d$；墙身竖向分布钢筋在柱内设置间距≤500mm，且不小于两道水平分布钢筋与拉结筋。

（2）保护层厚度≤$5d$

墙身内侧竖向分布钢筋在基础中构造见图 3-10（a）中"1—1"剖面，情况同上，在此不再赘述。

墙身外侧竖向分布钢筋在基础中构造见"2—2"剖面，可分为下列两种情况：

1）基础高度满足直锚：墙身竖向分布钢筋伸至基础板底部，支承在底板钢筋网片上，弯折 $6d$ 且≥150mm；墙身竖向分布钢筋在柱内设置锚固横向钢筋，锚固区横向钢筋应满足直径≥$d/4$（d 为纵筋最大直径），间距≤$10d$（d 为纵筋最小直径）且≤100mm 的要求。

2）基础高度不满足直锚：墙身竖向分布钢筋伸至基础板底部，支承在底板钢筋网片上，且锚固垂直段≥$0.6l_{abE}$，≥$20d$，弯折 $15d$；墙身竖向分布钢筋在柱内设置锚固横向钢筋，锚固区横向钢筋要求同上。

（3）搭接连接

基础底板下部钢筋弯折段应伸至基础顶面标高处，墙外侧纵筋伸至板底后弯锚、与底板下部纵筋搭接"l_{lE}"，且弯钩水平段≥15d；墙身竖向分布钢筋在基础内设置间距≤500mm，且不少于两道水平分布钢筋与拉结筋。

墙内侧纵筋在基础中的构造同上。

11. 剪力墙第一根竖向分布钢筋距边缘构件的距离是多少，水平分布钢筋距地面的距离是多少？

剪力墙端部或洞口边的边缘构件分两类：约束边缘构件、构造边缘构件。当边缘构件是暗柱或翼墙柱，作为剪力墙的一部分，不能作为单独的构件来考虑。竖向分布钢筋在边缘构件之间排布，水平分布钢筋遇到有暗梁、连梁等构件，仍按照楼层间排布。遇有特殊情况：当设计未注写连梁侧面构造纵筋时，墙体水平分布筋作为连梁侧面构造纵筋在连梁范围内拉通连续布置。遇有楼板，剪力墙水平分布钢筋应穿过楼板负筋，确保楼板负筋的正确位置。

剪力墙第一根竖向分布钢筋距边缘构件的距离，应根据墙的长度及竖向分布钢筋的设计间距整体考虑，遇有端柱的距离可按设计间距考虑，第一根钢筋距端柱近边的距离不大于100mm；遇有暗柱，暗柱是剪力墙的一部分，可按设计的间距要求设置，如不足间距的整数倍，根据钢筋的整体摆放设计后，将最小的间距安排在靠边缘构件处。

剪力墙的水平分布钢筋，应按设计要求的间距排布，根据墙体整体排布设计后，第一根水平分布钢筋距楼板的上、下结构表面（基础顶面）的距离不大于100mm。也可从基础顶面开始连续排布水平分布钢筋，如图 3-11 和图 3-12 所示。

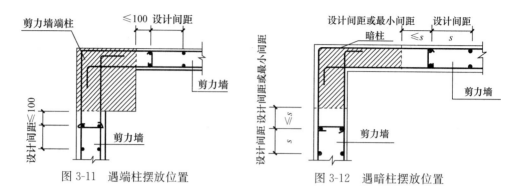

图 3-11　遇端柱摆放位置　　　　图 3-12　遇暗柱摆放位置

12. 剪力墙边缘构件纵向钢筋连接构造是如何规定的?

剪力墙边缘构件纵向钢筋连接构造如图 3-13 所示,其主要内容有:

图 3-13 (a):当采用绑扎搭接时,相邻钢筋交错搭接,搭接的长度≥l_{lE},错开距离≥$0.3l_{lE}$。

图 3-13 (b):当采用机械连接时,纵筋机械连接接头错开 35d;机械连接的连接点距离结构层顶面(基础顶面)或底面≥500mm。

图 3-13 (c):当采用焊接连接时,纵筋焊接连接接头错开 35d 且≥500mm;焊接连接的连接点距离结构层顶面(基础顶面)或底面≥500mm。

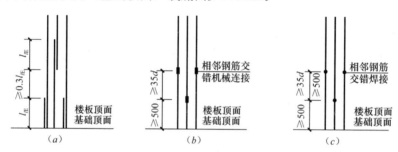

图 3-13　边缘构件钢筋纵向钢筋连接构造
(a) 绑扎搭接;(b) 机械连接;(c) 焊接连接

13. 剪力墙约束边缘构件是如何规定的?

剪力墙约束边缘构件(以 Y 字母开头),包括约束边缘暗柱、约束边缘端柱、约束边缘翼墙、约束边缘转角墙四种,如图 3-14 所示。

左图——非阴影区设置拉筋:

非阴影区的配筋特点为加密拉筋:普通墙身的拉筋是"隔一拉一"或"隔二拉一",而在这个非阴影区是每个竖向分布筋都设置拉筋。

右图——非阴影区设置封闭箍筋:

当非阴影区设置外围封闭箍筋时,该封闭箍筋伸入到阴影区内一倍纵向钢筋间距,并箍住该纵向钢筋。封闭箍筋内设置拉筋,拉筋应同时钩住竖向钢筋和外封闭箍筋。

非阴影区外围是否设置封闭箍筋或满足条件时,由剪力墙水平分布筋替代,具体方案由设计确定。

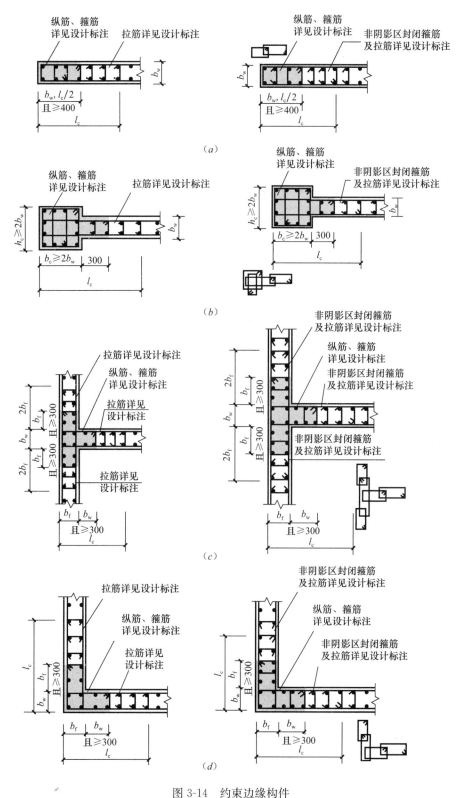

图 3-14 约束边缘构件

（a）约束边缘暗柱；（b）约束边缘端柱；（c）约束边缘翼墙；（d）约束边缘转角墙

其中，从约束边缘端柱的构造图中我们可以看出：阴影部分（即配箍区域），不但包括矩形柱的部分，而且还伸出一段翼缘，这段翼缘长度为 300mm，但我们不能因此就判定约束边缘端柱的伸出翼缘一定为 300mm。只能说，当设计上没有定义约束边缘端柱的翼缘长度时，我们就把端柱翼缘净长度定义为 300mm；而当设计上有明确的端柱翼缘长度标注时，就按设计要求来处理。

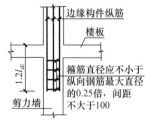

边缘构件纵筋

楼板

箍筋直径应不小于纵向钢筋最大直径的0.25倍，间距不大于100

$1.2l_{aE}$

剪力墙

14. 剪力墙上起边缘构件纵筋构造是如何规定的？

剪力墙上起边缘构件纵筋构造如图 3-15 所示。边缘构件纵筋从楼板顶部伸入剪力墙的长度为 $1.2l_{aE}$。

图 3-15　剪力墙上起约束边缘构件纵筋构造

15. 剪力墙水平分布钢筋计入约束边缘构件体积配箍率如何构造？

剪力墙水平分布钢筋计入约束边缘构件体积配箍率的构造做法如图 3-16 所示。

约束边缘阴影区的构造特点为：水平分布筋和暗柱箍筋"分层间隔"布置，以及一层水平分布筋、一层箍筋，再一层水平分布筋、一层箍筋……依次类推。计入的墙水平分布钢筋的体积配箍率不应大于总体积配箍率的 30%。

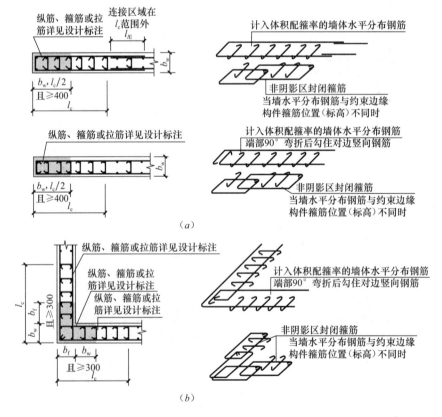

图 3-16　剪力墙水平钢筋计入约束边缘构件体积配箍率的构造做法（一）

（a）约束边缘暗柱；（b）约束边缘转角墙

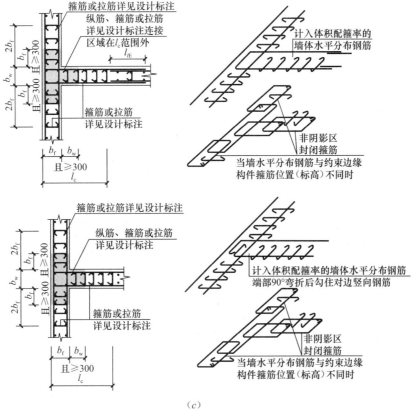

图 3-16　剪力墙水平钢筋计入约束边缘构件体积配箍率的构造做法（二）

（c）约束边缘翼墙

约束边缘非阴影区构造做法同上。

16. 剪力墙构造边缘构件是如何规定的?

剪力墙构造边缘构件（以 G 字开头），包括构造边缘暗柱、构造边缘端柱、构造边缘翼墙、构造边缘转角墙四种，如图 3-17 所示。

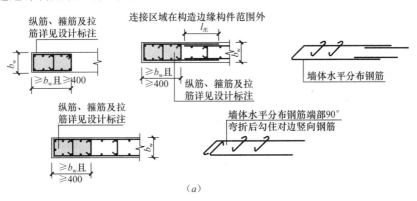

图 3-17　剪力墙构造边缘构件（一）

（a）构造边缘暗柱

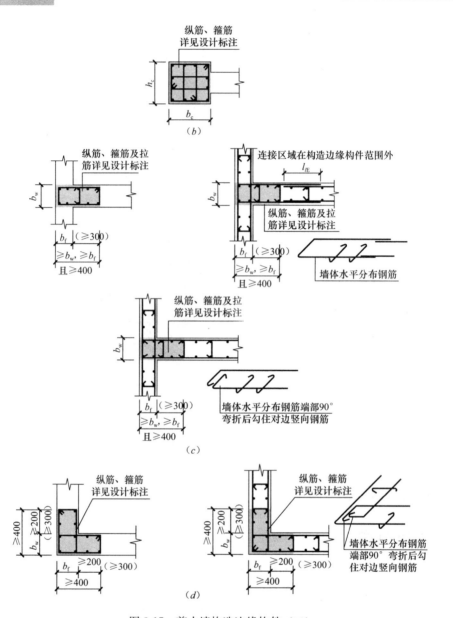

图 3-17 剪力墙构造边缘构件（二）

(b) 构造边缘端柱；(c) 构造边缘翼墙；(d) 构造边缘转角墙

从图中可以读到以下内容：

(1) 图 (a)：构造边缘暗柱的长度 ≥墙厚且≥400mm。

(2) 图 (b)：构造边缘端柱仅在矩形柱范围内布置纵筋和箍筋，其箍筋布置为复合箍筋。需要注意的是图中端柱断面图中未规定端柱伸出的翼缘长度，也没有在伸出的翼缘上布置箍筋，但不能因此断定构造边缘端柱就一定没有翼缘。

(3) 图 (c)：构造边缘翼墙的长度 ≥墙厚，≥邻边墙厚且≥400mm。

(4) 图 (d)：构造边缘转角墙每边长度＝邻边墙厚＋200mm≥400mm。

(5) 括号内数字用于高层建筑。

17. 剪力墙水平分布钢筋在端柱锚固构造要求有哪些?

剪力墙设有端柱时，水平分布筋在端柱锚固的构造要求如图 3-18 所示，其主要内容有：

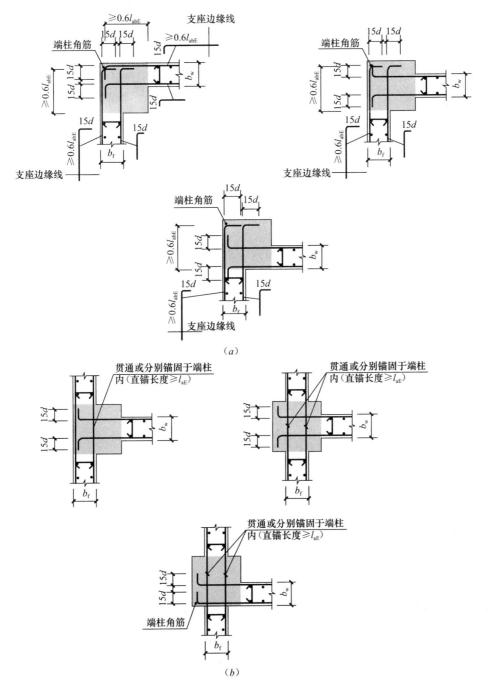

（a）

（b）

图 3-18　设置端柱时剪力墙水平分布钢筋锚固构造（一）

（a）端柱转角墙；（b）端柱翼墙

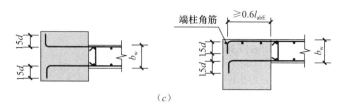

图 3-18　设置端柱时剪力墙水平分布钢筋锚固构造（二）

（c）端柱端部墙

端柱位于转角部位时，位于端柱宽出墙身一侧的剪力墙水平分布筋伸入端柱水平长度≥ $0.6l_{abE}$，弯折长度 $15d$；当位于端柱纵向钢筋内侧的墙水平分布钢筋（端柱节点中图示黑色墙体水平分布钢筋）伸入端柱的长度≥ l_{aE} 时，可直锚。位于端柱与墙身相平一侧的剪力墙水平分布筋绕过端柱阳角，与另一片墙段水平分布筋连接；也可不绕过端柱阳角，而直接伸至端柱角筋内侧向内弯折 $15d$。

非转角部位端柱，剪力墙水平分布筋伸入端柱弯折长度 $15d$；当直锚深度≥ l_{aE} 时，可不设弯钩。

18. 剪力墙水平分布钢筋在翼墙锚固构造要求有哪些?

水平分布钢筋在翼墙的锚固构造要求如图 3-19 所示，其主要内容有：

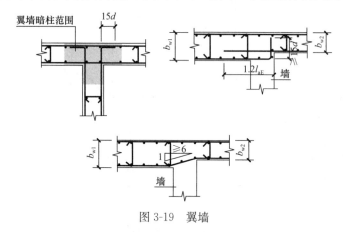

图 3-19　翼墙

翼墙两翼的墙身水平分布筋连续通过翼墙；翼墙肢部墙身水平分布筋伸至翼墙核心部位的外侧钢筋内侧，水平弯折 $15d$。

19. 剪力墙水平分布钢筋在转角墙锚固构造要求有哪些?

剪力墙水平分布钢筋在转角墙锚固构造要求如图 3-20 所示，其主要内容有：

图（a）：上下相邻两排水平分布筋在转角一侧交错搭接连接，搭接长度≥ $1.2l_{aE}$，搭接范围错开间距 500mm；墙外侧水平分布筋连续通过转角，在转角墙核心部位以外与另一片剪力墙的外侧水平分布筋连接，墙内侧水平分布筋伸至转角墙核心部位的外侧钢筋内侧，水平弯折 $15d$。

图（b）：上下相邻两排水平分布筋在转角两侧交错搭接连接，搭接长度≥$1.2l_{aE}$；墙外侧水平分布筋连续通过转角，在转角墙核心部位以外与另一片剪力墙的外侧水平分布筋连接，墙内侧水平分布筋伸至转角墙核心部位的外侧钢筋内侧，水平弯折$15d$。

图（c）：墙外侧水平分布筋在转角处搭接，搭接长度为$1.6l_{aE}$，墙内侧水平分布筋伸至转角墙核心部位的外侧钢筋内侧，水平弯折$15d$。

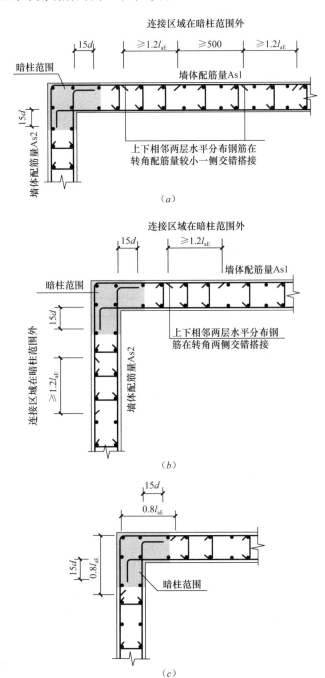

图 3-20 转角墙

20. 剪力墙水平分布筋在端部无暗柱封边构造要求有哪些？

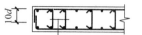

每道水平分布钢筋均设双列拉筋

图 3-21　无暗柱时水平
分布钢筋锚固构造

剪力墙水平分布钢筋在端部无暗柱封边构造要求如图 3-21 所示，其主要内容有：

剪力墙水平分布筋在端部无暗柱时，可采用在端部设置 U 形水平筋（目的是箍住边缘竖向加强筋），墙身水平分布筋与 U 形水平搭接；也可将墙身水平分布筋伸至端部弯折 $10d$。

21. 剪力墙水平分布筋在端部有暗柱封边构造要求有哪些？

剪力墙水平分布钢筋在端部无暗柱封边构造要求如图 3-22 所示，其主要内容有：

剪力墙水平分布筋伸至边缘暗柱（L 形暗柱）角筋外侧，弯折 $10d$。

22. 剪力墙水平分布筋交错连接构造要求有哪些？

剪力墙水平分布筋交错连接时，上下相邻的墙身水平分布筋交错搭接连接，搭接长度 $\geqslant 1.2l_{aE}$，搭接范围交错 $\geqslant 500mm$，如图 3-23 所示。

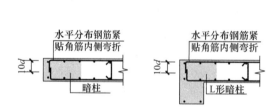

图 3-22　有暗柱时水平分布钢筋锚固构造

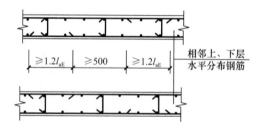

图 3-23　剪力墙水平钢筋交错搭接

23. 剪力墙水平分布筋斜交墙构造要求有哪些？

剪力墙斜交部位应设置暗柱，如图 3-24 所示。斜交墙外侧水平分布筋连续通过阳角，内侧水平分布筋在墙内弯折锚固长度为 $15d$。

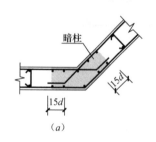

(a)

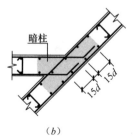

(b)

图 3-24　斜交墙暗柱

(a) 斜交转角墙；(b) 斜交翼墙

24. 地下室外墙水平钢筋构造要求有哪些?

地下室外墙水平钢筋构造如图 3-25 所示。

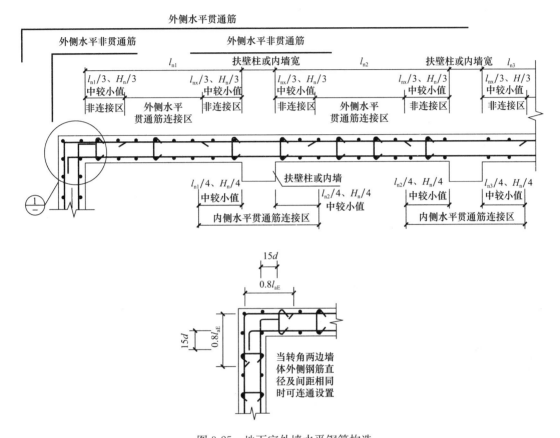

图 3-25 地下室外墙水平钢筋构造

(1) 地下室外墙水平钢筋分为:外侧水平贯通筋、外侧水平非贯通筋,内侧水平贯通筋。

(2) 角部节点构造("①"节点):地下室外墙外侧水平筋在角部搭接,搭接长度"$1.6l_{aE}$"——"当转角两边墙体外侧钢筋直径及间距相同时可连通设置";地下室外墙内侧水平筋伸至对边后弯 $15d$ 直钩。

(3) 外侧水平贯通筋非连接区:端部节点"$l_{n1}/3$,$H_n/3$ 中较小值",中间节点"$l_{nx}/3$,$H_n/3$ 中较小值";外侧水平贯通筋连接区为相邻"非连接区"之间的部分("l_{nx} 为相邻水平跨的较大净跨值,H_n 为本层净高")。

25. 剪力墙竖向分布筋连接构造要求有哪些?

剪力墙竖向分布钢筋通常采用搭接、机械和焊接连接三种连接方式,如图 3-26 所示。

图 3-26（a）：一、二级抗震等级剪力墙底部加强部位的剪力墙竖向分布钢筋可在楼层层间任意位置搭接连接，搭接长度为 $1.2l_{aE}$ 止，搭接接头错开距离 500mm。钢筋直径大于28mm 时，不宜采用搭接连接。

图 3-26（b）：当采用机械连接时，纵筋机械连接接头错开 $35d$；机械连接的连接点距离结构层顶面（基础顶面）或底面≥500mm。

图 3-26（c）：当采用焊接连接时，纵筋焊接连接接头错开 $35d$ 且≥500mm；焊接连接的连接点距离结构层顶面（基础顶面）或底面≥500mm。

图 3-26（d）：一、二级抗震等级剪力墙非底部加强部位或三、四级抗震等级或非抗震的剪力墙身竖向分布钢筋可在楼层层间同一位置搭接连接，搭接长度为 $1.2l_{aE}$ 止。钢筋直径大于 28mm 时，不宜采用搭接连接。

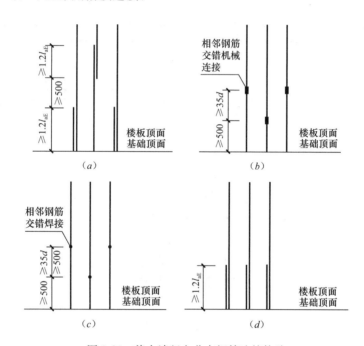

图 3-26 剪力墙竖向分布钢筋连接构造

26. 剪力墙变截面竖向分布筋有几种构造形式？其要求是什么？

当剪力墙在楼层上下截面变化，变截面处的钢筋构造与框架柱相同。除端柱外，其他剪力墙柱变截面构造要求，如图 3-27 所示。

变截面墙柱纵筋有两种构造形式：非贯通连接［图 3-27（a）、（b）、（d）］和斜锚贯通连接［图 3-27（c）］。

当采用纵筋非贯通连接时，下层墙柱纵筋伸至基础内变截面处向内弯折 $12d$，至对面竖向钢筋处截断，上层纵筋垂直锚入下柱 $1.2l_{aE}$。

当采用斜弯贯通锚固时，墙柱纵筋不切断，而是以 1/6 钢筋斜率的方式弯曲伸到上一楼层。

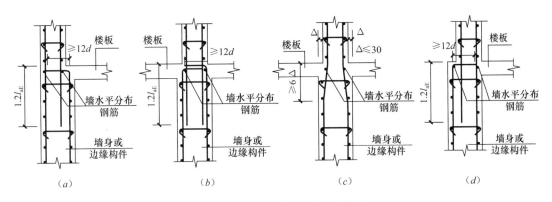

图 3-27　剪力墙变截面竖向钢筋构造

（a）边梁非贯通连接；（b）中梁非贯通连接；（c）中梁贯通连接；（d）边梁非贯通连接

27. 剪力墙墙身顶部钢筋如何构造？

墙身顶部竖向分布钢筋构造，如图 3-28 所示。竖向分布筋伸至剪力墙顶部后弯折，弯折长度为 $12d$（$15d$）[括号内数值是考虑屋面板上部钢筋与剪力墙外侧竖向钢筋搭接传力时的做法]；当一侧剪力墙有楼板时，墙柱钢筋均向楼板内弯折，当剪力墙两侧均有楼板时，竖向钢筋可分别向两侧楼板内弯折。而当剪力墙竖向钢筋在边框梁中锚固时，构造特点为：直锚 l_{aE}。

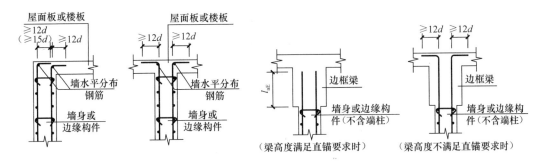

图 3-28　剪力墙竖向钢筋顶部构造

28. 地下室外墙竖向钢筋构造要求有哪些？

地下室外墙竖向钢筋构造如图 3-29 所示。

（1）地下室外墙竖向钢筋分为：外侧竖向贯通筋、外侧竖向非贯通筋，内侧竖向贯通筋，还有"墙顶通长加强筋"（按具体设计）。

（2）角部节点构造：

"②"节点（顶板作为外墙的简支支承）：地下室外墙外侧和内侧竖向钢筋伸至顶板上部弯 $12d$ 直钩。

"③"节点（顶板作为外墙的弹性嵌固支承）：地下室外墙外侧竖向钢筋与顶板上部纵

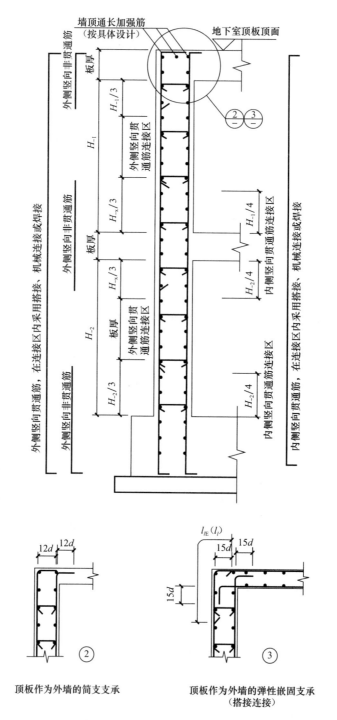

图 3-29　地下室外墙竖向钢筋构造

筋搭接"$l_{lE}(l_l)$";顶板下部纵筋伸至墙外侧后弯 $15d$ 直钩;地下室外墙内侧竖向钢筋伸至顶板上部弯 $15d$ 直钩。

　　(3)外侧竖向贯通筋非连接区:底部节点"$H_{-2}/3$",中间节点为两个"$H_{-x}/3$",顶

部节点 "$H_{-1}/3$"；外侧竖向贯通筋连接区为相邻 "非连接区" 之间的部分。（"H_{-x} 为 H_{-1} 和 H_{-2} 的较大值"）

内侧竖向贯通筋连接区：底部节点 "$H_{-2}/4$"，中间节点：楼板之下部分 "$H_{-2}/4$"，楼板之上部分 "$H_{-1}/4$"。

29. 剪力墙身拉筋布置形式有哪些？有哪些要求？

剪力墙身拉筋有矩形排布与梅花形排布两种布置形式，如图 3-30 所示。剪力墙身中的拉筋要求布置在竖向分布筋和水平分布筋的交叉点，同时拉住墙身竖向分布筋和水平分布筋；拉筋选用的布置形式应在图纸中用文字表示。若拉筋间距相同，梅花形排布的布置形式约为矩形排布形式用钢量的两倍。

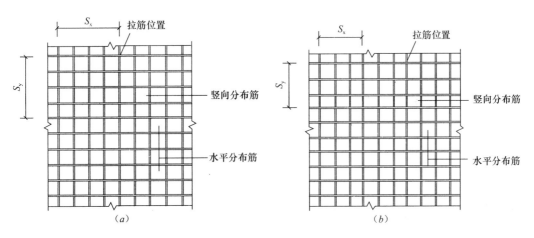

图 3-30　剪力墙身拉筋设置

(a) 梅花形排布；(b) 矩形排布

30. 剪力墙连梁钢筋如何设置？有几种情况？

剪力墙连梁设置在剪力墙洞口上方，连接两片剪力墙，宽度与剪力墙同厚。连梁有单洞口连梁与双洞口连梁两种情况。

31. 单洞口连梁如何构造？

当洞口两侧水平段长度不能满足连梁纵筋直锚长度 $\geqslant \max(l_{aE}, 600)$ 的要求时，可采用弯锚形式，连梁纵筋伸至墙外侧纵筋内侧弯锚，竖向弯折长度为 $15d$（d 为连梁纵筋直径），如图 3-31（a）所示。

洞口连梁下部纵筋和上部纵筋锚入剪力墙内的长度要求为 $\max(l_{aE}, 600)$，如图 3-31（b）所示。

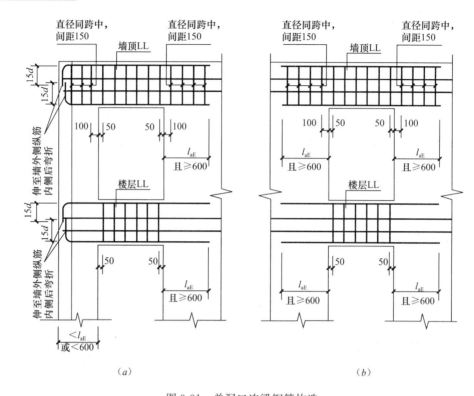

图 3-31　单洞口连梁钢筋构造

（a）墙端部洞口连梁构造；（b）墙中部洞口连梁构造

32. 双洞口连梁构造要求有哪些？

当两洞口的洞间墙长度不能满足两侧连梁纵筋直锚长度 $\min(l_{aE}, 1200)$ 的要求时，可采用双洞口连梁，如图 3-32 所示。其构造要求为：连梁上部、下部、侧面纵筋连续通过洞间墙，上下部纵筋锚入剪力墙内的长度要求为 $\max(l_{aE}, 600)$。

33. 剪力墙与暗梁、暗柱之间钢筋施工有什么关系？

剪力墙与暗梁之间钢筋施工的相互关系如下：

（1）比较方便的钢筋施工位置（从外到内）

第一层：剪力墙水平钢筋。

第二层：剪力墙的竖筋和暗梁的箍筋（同层）。

第三层：暗梁的水平钢筋。

（2）剪力墙的竖筋直钩位置在屋面板的上部。

（3）边框梁的宽度大于墙厚时，墙中的竖向分布钢筋从边框梁中穿过，墙与边框梁分别满足各自的保护层厚度要求。

（4）当剪力墙一侧与框架梁平齐时，平齐一侧按剪力墙的水平分布钢筋间距要求设置，另一侧不平齐按分布的构造要求设置梁的腰筋。

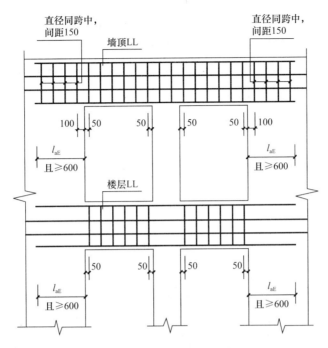

图 3-32 双洞口连梁构造

（5）剪力墙的水平分布钢筋与暗柱的箍筋在同一层面上，暗柱的纵向钢筋和墙中的竖向分布钢筋在同一层面上，在水平分布钢筋的内侧。

如图 3-33～图 3-35 所示。

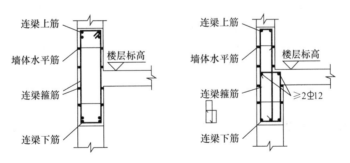

图 3-33 剪力墙跨层连梁配筋示意

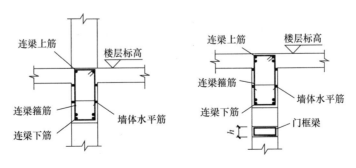

图 3-34 剪力墙楼层连梁配筋示意

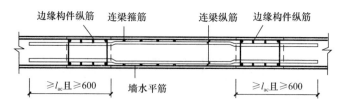

图 3-35　连梁纵筋与边缘构件钢筋细部关系

34. 剪力墙连梁、暗梁、边框梁侧面纵筋和拉筋构造包括哪些内容?

剪力墙连梁 LL、暗梁 AL、边框梁 BKL 侧面纵筋和拉筋构造如图 3-36 所示。

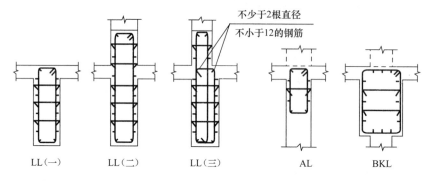

图 3-36　剪力墙连梁 LL、暗梁 AL、边框梁 BKL 侧面纵筋和拉筋构造

（1）剪力墙的竖向钢筋应连续穿越边框梁和暗梁。

（2）若墙梁纵筋不标注，则表示墙身水平分布筋可伸入墙梁侧面作为其侧面纵筋使用。

（3）当设计未注明连梁、暗梁和边框梁的拉筋时，应按下列规定取值：当梁宽≤350mm 时，为 6mm；当梁宽＞350mm 时，为 8mm；拉筋间距为两倍箍筋间距，竖向沿侧面水平筋隔一拉一。

35. 施工图中剪力墙的连梁（LL）被标注为框架梁（KL），如何理解这样的梁?

（1）在剪力墙结构体系中，不应有框架的概念，框架必须有框架柱、框架梁；剪力墙由于开洞而形成上部的梁应是连梁，而不是框架梁，连梁和框架梁受力钢筋在支座的锚固、箍筋的加密等构造要求是不同的。

（2）剪力墙的连梁（LL）被标注为框架梁（KL），也是连梁，在《高层建筑混凝土结构技术规程》（JGJ 3—2010）中有这样的规定，也应按框架梁构造措施设计。根据《高层建筑混凝土结构技术规程》（JGJ 3—2010）中的规定：

1）高跨比小于 5 的梁按连梁设计（由于竖向荷载作用下产生的弯矩所占比例较小，水平荷载作用下产生的反弯使它对剪切变形十分敏感，容易出现斜向剪切裂缝）。

2）高跨比不小于 5 的梁宜按框架梁设计（竖向荷载下作用下产生的弯矩比例较大）。

在实际中不能仅凭 LL 和 KL 编号，判定一定为框架梁。

（3）按连梁标注时箍筋应全长加密：

由于反复的水平荷载作用，会有塑性铰的出现，所以要有箍筋加密区，楼板的嵌固面积不应大于30％，否则应采取措施，楼板在平面内的刚度非常大，是可以传力的，在这种状况下的框架梁与实际框架结构中的框架梁，受力状况是不同的。

（4）按框架梁标注时，应有箍筋加密区（或全长加密）。

（5）框架梁与连梁纵向受力钢筋在支座内的锚固要求是不同的，洞口上边构件编号是框架梁（KL），纵向受力钢筋在支座内的锚固应按连梁（LL）的构造要求，采用直线锚固而不采用弯折锚固。

（6）顶层按框架梁标注时，要注意箍筋在支座内的构造要求。

特别强调：如果顶层按框架梁标注时，顶层连梁和框架梁在支座内箍筋的构造要求是不同的，应按连梁构造要求施工，在支座内配置相应箍筋的加强措施，框架梁没有此项要求。到顶部，地震作用比较大，会在洞边产生斜向破坏，所以在此要注明箍筋在支座内的构造。

36. 剪力墙连梁LLk纵向钢筋、箍筋加密区如何构造？加密范围如何规定？

剪力墙连梁LLk纵向配筋构造如图3-37所示，箍筋加密区构造如图3-38所示。

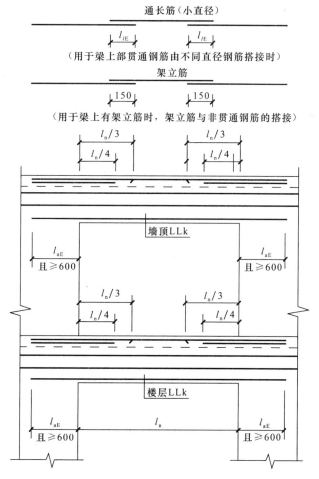

图 3-37　剪力墙连梁LLk纵向配筋构造

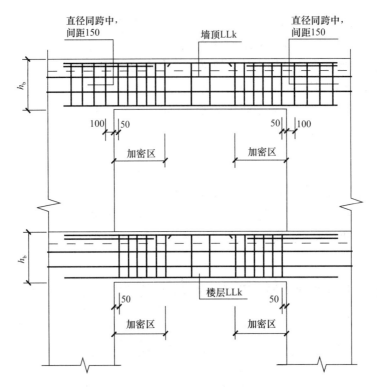

图 3-38　剪力墙连梁 LLk 箍筋加密区构造

（1）箍筋加密范围

一级抗震等级：加密区长度为 $\max(2h_b，500)$；

二至四级抗震等级：加密区长度为 $\max(1.5h_b，500)$。其中，h_b 为梁截面高度。

（2）梁上部通长钢筋与非贯通钢筋直径相同时，连接位置宜位于跨中 $l_n/3$ 范围内；梁下部钢筋连接位置宜位于支座 $l_n/3$ 范围内；且在同一连接区段内钢筋接头面积百分率不宜大于 50％。

（3）当梁纵筋（不包括架立筋）采用绑扎搭接接长时，搭接区内箍筋直径及间距见图 1-5。

37. 连梁交叉斜筋配筋如何构造？

当洞口连梁截面宽度≥250 时，连梁中应根据具体条件设置斜向交叉斜筋配筋，如图 3-39 所示。斜向交叉钢筋锚入连梁支座内的锚固长度应≥$\max(l_{aE}，600)$；交叉斜筋配筋连梁的对角斜筋在梁端部应设置拉筋，具体值见设计标注。

交叉斜筋配筋连梁的水平钢筋及箍筋形成的钢筋网之间应采用拉筋拉结，拉筋直径不宜小于 6mm，间距不宜大于 400mm。

38. 连梁对角配筋如何构造？

当连梁截面宽度≥400mm 时，连梁中应根据具体条件设置集中对角斜筋配筋或对角暗撑配筋，如图 3-40 所示。

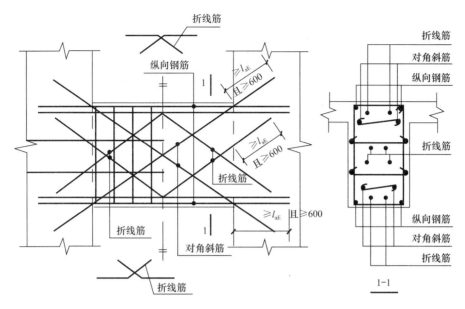

图 3-39　连梁交叉斜筋配筋构造

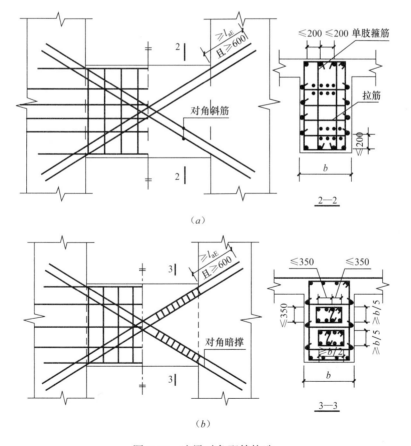

图 3-40　连梁对角配筋构造

(a) 对角斜筋配筋；(b) 对角暗撑配筋

集中对角斜筋配筋连梁构造如图 3-40 （a）所示，应在梁截面内沿水平方向及竖直方向设置双向拉筋，拉筋应勾住外侧纵向钢筋，间距不应大于 200mm，直径不应小于 8mm。集中对角斜筋锚入连梁支座内的锚固长度≥max(l_{aE}，600)。

对角暗撑配筋连梁构造如图 3-40 （b）所示，其箍筋的外边缘沿梁截面宽度方向不宜小于连梁截面宽度的 1/2，另一方向不宜小于 1/5；对角暗撑约束箍筋肢距不应大于 350mm。当为抗震设计时，暗撑箍筋在连梁支座位置 600mm 范围内进行箍筋加密；对角交叉暗撑纵筋锚入连梁支座内的锚固长度≥max(l_{aE}，600)。其水平钢筋及箍筋形成的钢筋网之间应采用拉筋拉结，拉筋直径不宜小于 6mm，间距不宜大于 400mm。

39. 剪力墙边框梁或暗梁与连梁重叠钢筋如何构造？

暗梁或边框梁和连梁重叠的特点一般是两个梁顶标高相同，而暗梁的截面高度小于连梁，所以连梁的下部纵筋在连梁内部穿过，因此，搭接时主要应关注暗梁或边框梁与连梁上部纵筋的处理方式。

顶层边框梁或暗梁与连梁重叠时配筋构造，见图 3-41。

楼层边框梁或暗梁与连梁重叠时配筋构造，见图 3-42。

从 "1—1" 断面图可以看出重叠部分的梁上部纵筋：

第一排上部纵筋为 BKL 或 AL 的上部纵筋

第二排上部纵筋为 "连梁上部附加纵筋，当连梁上部纵筋计算面积大于边框梁或暗梁时需设置"。

连梁上部附加纵筋、连梁下部纵筋的直锚长度为 "l_{aE}且≥600"。

以上是 BKL 或 AL 的纵筋与 LL 纵筋的构造。至于它们的箍筋：

由于 LL 的截面宽度与 AL 相同（LL 的截面高度大于 AL），所以重叠部分的 LL 箍筋兼做 AL 箍筋。但是 BKL 就不同，BKL 的截面宽度大于 LL，所以 BKL 与 LL 的箍筋是各布各的，互不相干。

40. 剪力墙洞口补强构造有哪几种情况？

（1）剪力墙矩形洞口补强钢筋构造

剪力墙由于开矩形洞口，需补强钢筋。当设计注写补强纵筋具体数值时，按设计要求；当设计未注明时，依据洞口宽度和高度尺寸，按以下构造要求：

1）剪力墙矩形洞口宽度和高度均不大于 800mm

剪力墙矩形洞口宽度、高度不大于 800mm 时的洞口需补强钢筋，如图 3-43 所示。

洞口每侧补强钢筋按设计注写值。补强钢筋两端锚入墙内的长度为 l_{aE}，洞口被切断的钢筋设置弯钩，弯钩长度为过墙中线加 5d（即墙体两面的弯钩相互交错 10d），补强纵筋固定在弯钩内侧。

2）剪力墙矩形洞口宽度或高度均大于 800mm

剪力墙矩形洞口宽度或高度均大于 800mm 时的洞口需补强暗梁，如图 3-44 所示，配筋具体数值按设计要求。

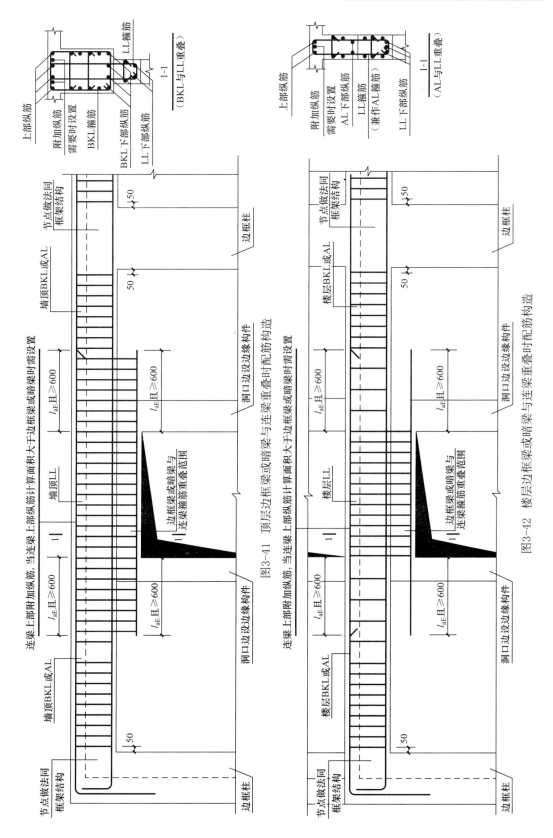

图3-41 顶层边框梁或暗梁与连梁重叠时配筋构造

图3-42 楼层边框梁或暗梁与连梁重叠时配筋构造

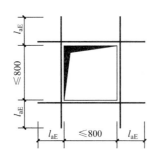

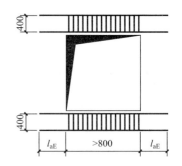

图 3-43　剪力墙矩形洞口补强钢筋构造
（剪力墙矩形洞口宽度和高度均不大于 800mm）

图 3-44　剪力墙矩形洞口补强钢筋构造
（剪力墙矩形洞口宽度和高度均大于 800mm）

当洞口上边或下边为连梁时，不再重复补强暗梁，洞口竖向两侧设置剪力墙边缘构件。洞口被切断的剪力墙竖向分布钢筋设置弯钩，弯钩长度为 $15d$，在暗梁纵筋内侧锚入梁中。

（2）剪力墙圆形洞口补强钢筋构造

1）剪力墙圆洞口直径不大于 300mm

剪力墙圆形洞口直径不大于 300mm 时的洞口需补强钢筋。剪力墙水平分布筋与竖向分布筋遇洞口不截断，均绕洞口边缘通过；或按设计标注在洞口每侧补强纵筋，锚固长度为两边均不小于 l_{aE}，如图 3-45 所示。

2）剪力墙圆形洞口直径大于 300mm 且小于等于 800mm

剪力墙圆形洞口直径大于 300mm 且小于等于 800mm 的洞口需补强钢筋。洞口每侧补强钢筋设计标注内容，锚固长度为均应$\geqslant l_{aE}$，如图 3-46 所示。

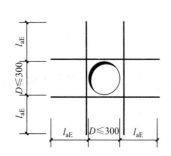

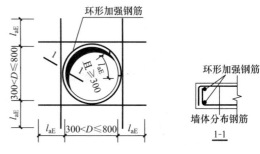

图 3-45　剪力墙圆形洞口补强钢筋构造
（圆形洞口直径不大于 300mm）

图 3-46　剪力墙圆形洞口补强钢筋构造
（圆形洞口直径大于 300mm 且小于等于 800mm）

3）剪力墙圆形洞口直径大于 800mm

剪力墙圆形洞口直径大于 800mm 时的洞口需补强钢筋。当洞口上边或下边为剪力墙连梁时，不再重复设置补强暗梁。洞口每侧补强钢筋设计标注内容，锚固长度为均应$\geqslant$ max(l_{aE}，300)，如图 3-47 所示。

（3）连梁中部洞口

连梁中部有洞口时，洞口边缘距离连梁边缘不小于 max($h/3$，200)。洞口每侧补强纵筋与补强箍筋按设计标注，补强钢筋的锚固长度为不小于 l_{aE}，如图 3-48 所示。

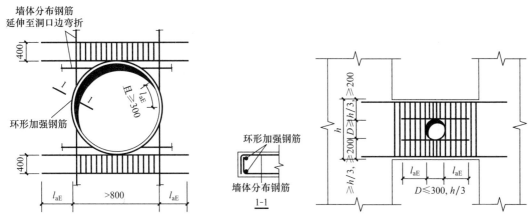

图 3-47　剪力墙圆形洞口补强钢筋构造

（圆形洞口直径大于 800mm）

图 3-48　剪力墙连梁洞口补强钢筋构造

3.3　剪力墙钢筋计算

41. 顶层纵筋如何计算?

顶层纵筋如图 3-49、图 3-50 所示。

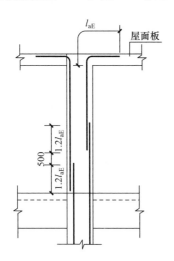

图 3-49　暗柱顶层钢筋绑扎连接构造图

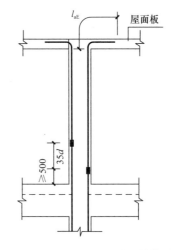

图 3-50　暗柱顶层机械连接构造

（1）绑扎搭接

　　　　与短筋连接的钢筋长度 = 顶层层高 − 顶层板厚 + 顶层锚固总长度 l_{aE}

与长筋连接的钢筋长度 = 顶层层高 − 顶层板厚 − ($1.2l_{aE}$ + 500) + 顶层锚固总长度 l_{aE}

（2）机械连接

　　　　与短筋连接的钢筋长度 = 顶层层高 − 顶层板厚 − 500 + 顶层锚固总长度 l_{aE}

　　　　与长筋连接的钢筋长度 = 顶层层高 − 顶层板厚 − 500 − 35d + 顶层锚固总长度 l_{aE}

42. 墙身变截面纵筋如何计算?

当墙柱采用绑扎连接接头时,其锚固形式如图 3-51 所示。

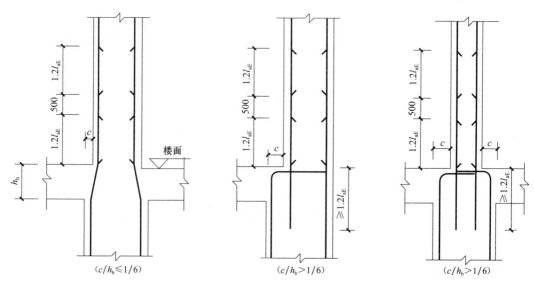

图 3-51　变截面钢筋绑扎连接

(1) 一边截断

长纵筋长度 = 层高 − 保护层厚度 + 弯折(墙厚 − 2 × 保护层厚度)

短纵筋长度 = 层高 − 保护层厚度 − $1.2l_{aE}$ − 500 + 弯折(墙厚 − 2 × 保护层厚度)

仅墙柱的身一侧插筋,数量为墙柱的一半。

长插筋长度 = $1.2l_{aE}$ + $2.4l_{aE}$ + 500

短插筋长度 = $1.2l_{aE}$ + $1.2l_{aE}$

(2) 两边截断

长纵筋长度 = 层高 − 保护层厚度 + 弯折(墙厚 − c − 2 × 保护层厚度)

短纵筋长度 = 层高 − 保护层厚度 − $1.2l_{aE}$ − 500 + 弯折(墙厚 − c − 2 × 保护层厚度)

上层墙柱全部插筋:

长插筋长度 = $1.2l_{aE}$ + $2.4l_{aE}$ + 500

短插筋长度 = $1.2l_{aE}$ + $1.2l_{aE}$

变截面层箍筋 = $(2.4l_{aE} + 500)/\min(5d, 100) + 1 + (层高 − 2.4l_{aE} − 500)/$ 箍筋间距

变截面层拉箍筋数量 = 变截面层箍筋数量 × 拉筋水平排数

43. 剪力墙梁钢筋如何计算?

剪力墙梁包括连梁、暗梁和边框梁,剪力墙梁中的钢筋类型有纵筋、箍筋、侧面钢

筋、拉筋等。连梁纵筋长度需要考虑洞口宽度，纵筋的锚固长度等因素，箍筋需考虑连梁的截面尺寸、布置范围等因素；暗梁和边框梁纵筋长度需考虑其设置范围和锚固长度等，箍筋需考虑截面尺寸、布置范围等。暗梁和边框梁纵筋长度计算方法与剪力墙身水平分布钢筋基本相同，箍筋的计算方法和普通框架梁相同。因此，文中以连梁为例介绍其纵筋、箍筋的相关计算方法。

根据洞口的位置和洞间墙尺寸以及锚固要求，剪力墙连梁有单洞口和双洞口连梁，根据连梁的楼层与顶层的构造措施和锚固要求不同，连梁有中间层连梁与顶层连梁。根据以上分类，剪力墙连梁钢筋计算分以下几部分讨论：

（1）剪力墙端部单洞口连梁（图 3-31a）钢筋计算

1）中间层钢筋计算方法

连梁纵筋长度 ＝ 左锚固长度 ＋ 洞口长度 ＋ 右锚固长度

$$= （支座宽度 － 保护层 ＋ 15d） ＋ 洞口长度 ＋ \max(l_{aE}, 600)$$

$$箍筋根数 ＝ \frac{洞口宽度 － 2 \times 50}{间距} ＋ 1$$

2）顶层钢筋计算方法

连梁纵筋长度 ＝ 左锚固长度 ＋ 洞口长度 ＋ 右锚固长度

$$= \max(l_{aE}, 600) ＋ 洞口长度 ＋ \max(l_{aE}, 600)$$

箍筋根数 ＝ 左墙肢内箍筋根数 ＋ 洞口上箍筋根数 ＋ 右墙肢内箍筋根数

$$= \frac{左侧锚固长度水平段 － 100}{150} ＋ 1 ＋ \frac{洞口宽度 － 2 \times 50}{间距} ＋ 1$$

$$＋ \frac{右侧锚固长度水平段 － 100}{150} ＋ 1$$

$$= \frac{支座宽度 － 100}{150} ＋ 1 ＋ \frac{洞口宽度 － 2 \times 50}{间距} ＋ 1 ＋ \frac{\max(l_{aE}, 600) － 100}{150} ＋ 1$$

（2）剪力墙中部单洞口连梁（图 3-31b）钢筋计算

1）中间层钢筋计算方法

连梁纵筋长度 ＝ 左锚固长度 ＋ 洞口长度 ＋ 右锚固长度

$$= \max(l_{aE}, 600) ＋ 洞口长度 ＋ \max(l_{aE}, 600)$$

$$箍筋根数 ＝ \frac{洞口宽度 － 2 \times 50}{间距} ＋ 1$$

2）顶层钢筋计算方法

连梁纵筋长度 ＝ 左锚固长度 ＋ 洞口长度 ＋ 右锚固长度

$$= \max(l_{aE}, 600) ＋ 洞口长度 ＋ \max(l_{aE}, 600)$$

箍筋根数 ＝ 左墙肢内箍筋根数 ＋ 洞口上箍筋根数 ＋ 右墙肢内箍筋根数

$$= \frac{左侧锚固长度水平段 － 100}{150} ＋ 1 ＋ \frac{洞口宽度 － 2 \times 50}{间距} ＋ 1$$

$$= \frac{右侧锚固长度水平段 － 100}{150} ＋ 1$$

$$= \frac{\max(l_{aE}, 600) － 100}{150} ＋ 1 ＋ \frac{洞口宽度 － 2 \times 50}{间距} ＋ 1 ＋ \frac{\max(l_{aE}, 600) － 100}{150} ＋ 1$$

（3）剪力墙双洞口连梁（图 3-32）钢筋计算

1）中间层钢筋计算方法

连梁纵筋长度＝左锚固长度＋两洞口宽度＋洞口墙宽度＋右锚固长度

$$= \max(l_{aE},600) + 两洞口宽度 + 洞口墙宽度 + \max(l_{aE},600)$$

$$箍筋根数 = \frac{洞口1宽度 - 2×50}{间距} + 1 + \frac{洞口2宽度 - 2×50}{间距} + 1$$

2）顶层钢筋计算方法

连梁纵筋长度＝左锚固长度＋两洞口宽度＋洞间墙宽度＋右锚固长度

$$= \max(l_{aE},600) + 两洞口宽度 + 洞口墙宽度 + \max(l_{aE},600)$$

$$箍筋根数 = \frac{左侧锚固长度 - 100}{150} + 1 + \frac{两洞口宽度 + 洞间墙 - 2×50}{间距} + 1$$

$$+ \frac{左侧锚固长度 - 100}{150} + 1$$

$$= \frac{\max(l_{aE},600) - 100}{150} + 1 + \frac{两洞口宽度 + 洞间墙 - 2×50}{间距} + 1$$

$$+ \frac{\max(l_{aE},600) - 100}{150} + 1$$

（4）剪力墙连梁拉筋根数计算

剪力墙连梁拉筋根数计算方法为每排根数×排数，即：

$$拉筋根数 = \left(\frac{连梁净宽 - 2×50}{箍筋间距×2} + 1 \right) × \left(\frac{连梁高度 - 2×保护层}{水平筋间距×2} + 1 \right)$$

1）剪力墙连梁拉筋的分布

竖向：连梁高度范围内，墙梁水平分布筋排数的一半，隔一拉一。

横向：横向拉筋间距为连梁箍筋间距的 2 倍。

2）剪力墙连梁拉筋直径的确定

梁宽≤350mm 时，拉筋直径为 6mm；梁宽＞350mm 时，拉筋直径为 8mm。

第4章 梁 结 构

4.1 梁平法施工图制图规则

1. 框架梁平法施工图包含哪些内容？通过何种方法表示？

（1）框架梁平法施工图主要内容

1）图名和比例，梁平法施工图的比例应与建筑平面图相同。

2）定位轴线及其编号、间距尺寸。

3）梁的编号、平面布置。

4）每一种编号梁的截面尺寸、配筋情况和标高。

5）必要的设计详图和说明。

（2）框架梁平法施工图表示方法

1）梁平法施工图是在梁平面布置图上采用平面注写方式或截面注写方式表达。

2）梁平面布置图，应分别按梁的不同结构层（标准层），将全部梁和与其相关联的柱、墙、板一起采用适当比例绘制。

3）在梁平法施工图中，尚应注明各结构层的顶面标高及相应的结构层号。

4）对于轴线未居中的梁，应标注其偏心定位尺寸（贴柱边的梁可不注）。

2. 什么是梁平面注写方式？包含哪些内容？

（1）平面注写方式是在梁平面布置图上，分别在不同编号的梁中各选一根梁，在其上注写截面尺寸和配筋具体数值的方式来表达梁平法施工图。

平面注写包括集中标注与原位标注，集中标注表达梁的通用数值，原位标注表达梁的特殊数值。当集中标注中的某项数值不适用于梁的某部位时，则将该项数值原位标注；施工时，原位标注取值优先，如图 4-1 所示。

（2）采用平面注写方式表达的梁平法施工图示例，如图 4-2 所示。

3. 梁标号有哪几项组成？应符合哪些规定？

梁编号由梁类型代号、序号、跨数及有无悬挑代号几项组成，并应符合表 4-1 的规定。

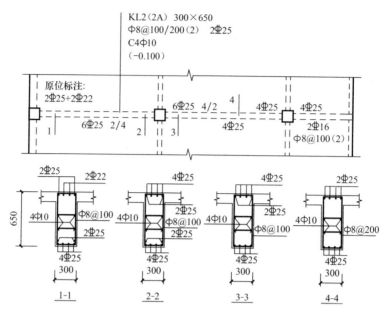

图 4-1　梁构件平面注写方式

注：图中四个梁截面是采用传统表示方法绘制，用于对比按平面注写方式表达的同样内容。

实际采用平面注写方式表达时，不需绘制梁截面配筋图和图中的相应截面号。

4. 梁集中标注包括哪些内容？

梁集中标注的内容，有五项必注值及一项选注值（集中标注可以从梁的任意一跨引出），规定如下：

（1）梁编号，见表 4-1，该项为必注值。

（2）梁截面尺寸，该项为必注值。

当为等截面梁时，用 $b \times h$ 表示；

当为竖向加腋梁时，用 $b \times h$　$Yc_1 \times c_2$ 表示，其中 c_1 为腋长，c_2 为腋高，如图 4-3 所示；

当为水平加腋梁时，一侧加腋时用 $b \times h$　$PYc_1 \times c_2$ 表示，其中 c_1 为腋长，c_2 为腋宽，加腋部位应在平面图中绘制，如图 4-4 所示；

当有悬挑梁并且根部和端部的高度不同时，用斜线分隔根部与端部的高度值，即为 $b \times h_1/h_2$，如图 4-5 所示。

（3）梁箍筋，包括钢筋级别、直径、加密区与非加密区间距及肢数，该项为必注值。箍筋加密区与非加密区的不同间距及肢数需用斜线"/"分隔；当梁箍筋为同一种间距及肢数时，则不需用斜线；当加密区与非加密区的箍筋肢数相同时，则将肢数注写一次；箍筋肢数应写在括号内。加密区范围见相应抗震等级的标准构造详图。

非框架梁、悬挑梁、井字梁采用不同的箍筋间距及肢数时，也用斜线"/"将其分隔开来。注写时，先注写梁支座端部的箍筋（包括箍筋的箍数、钢筋级别、直径、间距与肢数），在斜线后注写梁跨中部分的箍筋间距及肢数。

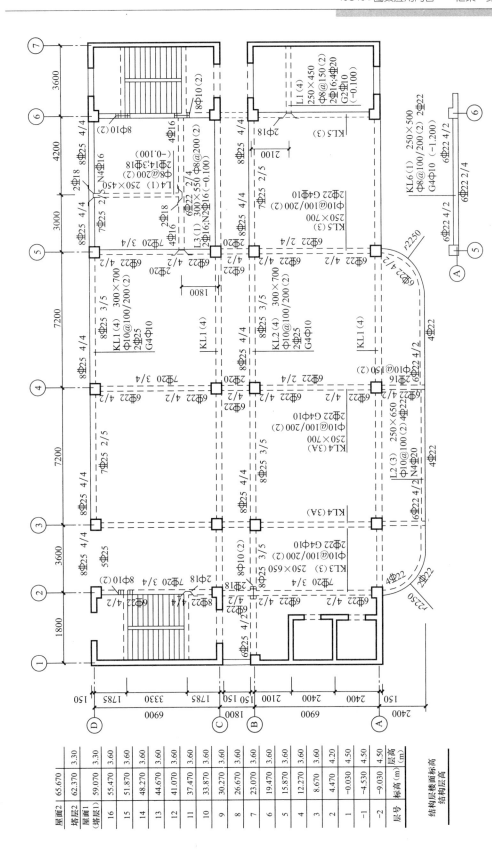

图4-2　梁平法施工图平面注写方式示例

梁编号   表 4-1

梁类型	代号	序号	跨数及是否带有悬挑
楼层框架梁	KL	××	（××）、（××A）或（××B）
楼层框架扁梁	KBL	××	（××）、（××A）或（××B）
屋面框架梁	WKL	××	（××）、（××A）或（××B）
非框架梁	L	××	（××）、（××A）或（××B）
框支梁	KZL	××	（××）、（××A）或（××B）
托柱转换梁	TZL	××	（××）、（××A）或（××B）
悬挑梁	XL	××	（××）、（××A）或（××B）
井字梁	JZL	××	（××）、（××A）或（××B）

注：1.（××A）为一端有悬挑，（××B）为两端有悬挑，悬挑不计入跨数。井字梁的跨数见有关内容。
　　2. 楼层框架扁梁节点核心区代号 KBH。
　　3. 非框架梁 L、井字梁 JZL 表示端支座为铰接；当非框架梁 L、井字梁 JZL 端支座上部纵筋为充分利用钢筋的抗拉强度时，在梁代号后加"g"。

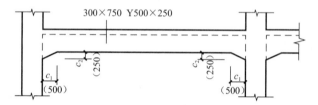

图 4-3　竖向加腋梁标注

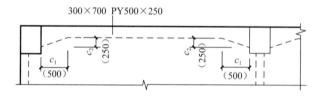

图 4-4　水平加腋梁标注

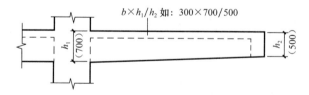

图 4-5　悬挑梁不等高截面标注

　　（4）梁构件的上部通长筋或架立筋配置（通长筋可为相同或不通知经采用搭接连接、机械连接或焊接的钢筋），该项为必注值。所注规格与根数应根据结构受力要求及箍筋肢数等构造要求而定。当同排纵筋中既有通长筋又有架立筋时，应用加号"＋"将通长筋和架立筋相连。注写时需将角部纵筋写在加号的前面，架立筋写在加号后面的括号内，以示不同直径及与通长筋的区别。当全部采用架立筋时，则将其写入括号内。

　　当梁的上部纵筋和下部纵筋为全跨相同，且多数跨配筋相同时，此项可加注下部纵筋的配筋值，用分号"；"将上部与下部纵筋的配筋值分隔开来表达。少数跨不同者，则将该项数值原位标注。

（5）梁侧面纵向构造钢筋或受扭钢筋配置，该项为必注值。

当梁腹板高度 $h_w \geqslant 450mm$ 时，需配置纵向构造钢筋，所注规格与根数应符合规范规定。此项注写值以大写字母 G 打头，接续注写设置在梁两个侧面的总配筋值，且对称配置。

当梁侧面需配置受扭纵向钢筋时，此项注写值以大写字母 N 打头，接续注写配置在梁两个侧面的总配筋值且对称配置。受扭纵向钢筋应满足梁侧面纵向构造钢筋的间距要求，且不再重复配置纵向构造钢筋。

（6）梁顶面标高高差，该项为选注值。

梁顶面标高高差，系指相对于结构层楼面标高的高差值，对于位于结构夹层的梁，则指相对于结构夹层楼面标高的高差。有高差时，需将其写入括号内，无高差时不注。

注：当某梁的顶面高于所在结构层的楼面标高时，其标高高差为正值，反之为负值。

5. 梁原位标注有哪些内容？

梁原位标注的内容规定如下：

（1）梁支座上部纵筋，该部位含通长筋在内的所有纵筋：

1）当上部纵筋多于一排时，用斜线"/"将各排纵筋自上而下分开。

2）当同排纵筋有两种直径时，用加号"＋"将两种直径的纵筋相连，注写时将角部纵筋写在前面。

3）当梁中间支座两边的上部纵筋不同时，须在支座两边分别标注；当梁中间支座两边的上部纵筋相同时，可仅在支座的一边标注配筋值，另一边省去不注（图 4-6）。

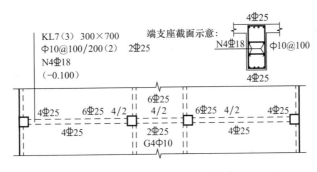

图 4-6　大小跨梁的注写示意

设计时应注意：

① 对于支座两边不同配筋值的上部纵筋，宜尽可能选用相同直径（不同根数），使其贯穿支座，避免支座两边不同直径的上部纵筋均在支座内锚固。

② 对于以边柱、角柱为端支座的屋面框架梁，当能够满足配筋截面面积要求时，其梁的上部钢筋应尽可能只配置一层，以避免梁柱纵筋在柱顶处因层数过多、密度过大导致不方便施工和影响混凝土浇筑质量。

（2）梁下部纵筋：

1）当下部纵筋多于一排时，用斜线"/"将各排纵筋自上而下分开。

2）当同排纵筋有两种直径时，用加号"＋"将两种直径的纵筋相连，注写时角筋写在前面。

3）当梁下部纵筋不全部伸入支座时，将梁支座下部纵筋减少的数量写在括号内。

4）当梁的集中标注中已分别注写了梁上部和下部均为通长的纵筋值时，则不需在梁下部重复做原位标注。

5）当梁设置竖向加腋时，加腋部位下部斜纵筋应在支座下部以 Y 打头注写在括号内（图 4-7），图集中框架梁竖向加腋结构适用于加腋部位参与框架梁计算，其他情况设计者应另行给出构造。当梁设置水平加腋时，水平加腋内上、下部斜纵筋应在加腋支座上部以 Y 打头注写在括号内，上、下部斜纵筋之间用"/"分隔（图 4-8）。

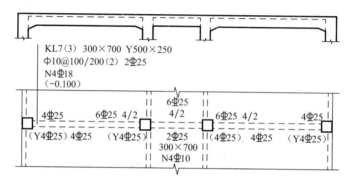

图 4-7　梁竖向加腋平面注写方式

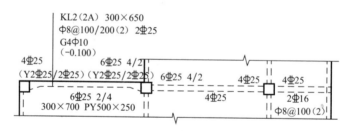

图 4-8　梁水平加腋平面注写方式

（3）当在梁上集中标注的内容（即梁截面尺寸、箍筋、上部通长筋或架立筋，梁侧面纵向构造钢筋或受扭纵向钢筋，以及梁顶面标高高差中的某一项或几项数值）不适用于某跨或某悬挑部分时，则将其不同数值原位标注在该跨或该悬挑部位，施工时应按原位标注数值取用。

当在多跨梁的集中标注中已注明加腋，而该梁某跨的根部却不需要加腋时，则应在该跨原位标注等截面的 $b×h$，以修正集中标注中的加腋信息，如图 4-7 所示。

（4）附加箍筋或吊筋，将其直接画在平面图中的主梁上，用线引注总配筋值（附加箍筋的肢数注在括号内），如图 4-9 所示。当多数附加箍筋或吊筋相同时，可在梁平法施工图上统一注明，少数与统一注明值不同时，再原位引注。

施工时应注意：附加箍筋或吊筋的几何尺寸应按照标准构造详图，结合其所在位置的主梁和次梁的截面尺寸而定。

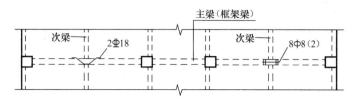

图 4-9　附加箍筋和吊筋的画法示例

6. 框架扁梁的注写规则有哪些？

（1）框架扁梁注写规则同框架梁，对于上部纵筋和下部纵筋，尚需注明未穿过柱截面的纵向受力钢筋根数（图 4-10）。

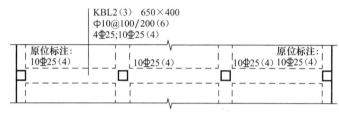

图 4-10　平面注写方式示例

（2）框架扁梁节点核心区代号为 KBH，包括柱内核心区和柱外核心区两部分。框架扁梁节点核心区钢筋注写包括柱外核心区竖向拉筋及节点核心区附加纵向钢筋，端支座节点核心区尚需注写附加 U 形箍筋。

柱内核心区箍筋见框架柱箍筋。

柱外核心区竖向拉筋，注写其钢筋级别与直径；端支座柱外核心区尚需注写附加 U 形箍筋的钢筋级别、直径及根数。

框架扁梁节点核心区附加纵向钢筋以大写字母"F"打头，注写其设置方向（X 向或 Y 向）、层数、每层的钢筋根数、钢筋级别、直径及未穿过柱截面的纵向受力钢筋根数。

设计、施工时应注意：

1）柱外核心区竖向拉筋在梁纵向钢筋两向交叉位置均布置，当布置方式与图集要求不一致时，设计应另行绘制详图。

2）框架扁梁端支座节点，柱外核心区设置 U 形箍筋及竖向拉筋时，在 U 形箍筋与位于柱外的梁纵向钢筋交叉位置均布置竖向拉筋。当布置方式与图集要求不一致时，设计应另行绘制详图。

3）附加纵向钢筋应与竖向拉筋相互绑扎。

7. 什么是井字梁？其注写规则有哪些？

（1）井字梁通常由非框架梁构成，并以框架梁为支座（特殊情况下以专门设置的非框架大梁为支座）。在此情况下，为明确区分井字梁与作为井字梁支座的梁，井字梁用单粗虚线表示（当井字梁顶面高出板面时可用单粗实线表示），作为井字梁支座的梁用双细虚线表示（当梁顶面高出板面时可用双细实线表示）。

井字梁系指在同一矩形平面内相互正交所组成的结构构件，井字梁所分布范围称为"矩形平面网格区域"（简称"网格区域"）。当在结构平面布置中仅有由四根框架梁框起的一片网格区域时，所有在该区域相互正交的井字梁均为单跨；当有多片网格区域相连时，贯通多片网格区域的井字梁为多跨且相邻两片网格区域分界处，即为该井字梁的中间支座。对某根井字梁编号时，其跨数为其总支座数减 1；在该梁的任意两个支座之间，无论有几根同类梁与其相交，均不作为支座（图 4-11）。

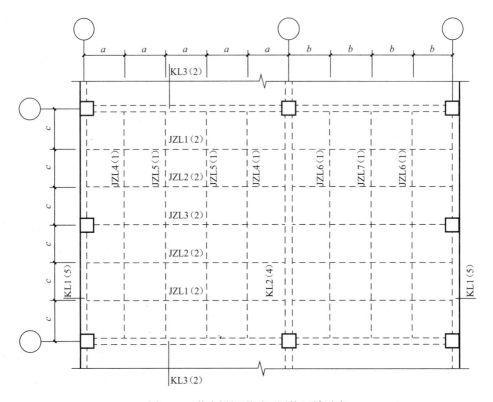

图 4-11　井字梁矩形平面网格区域示意

井字梁的注写规则符合前述规定。除此之外，设计者应注明纵横两个方向梁相交处同一层面钢筋的上下交错关系（指梁上部或下部的同层面交错钢筋何梁在上、何梁在下），以及在该相交处两方向梁箍筋的布置要求。

（2）井字梁的端部支座和中间支座上部纵筋的伸出长度值 a_0，应由设计者在原位加注具体数值予以注明。

当采用平面注写方式时，则在原位标注的支座上部纵筋后面括号内加注具体伸出长度值，如图 4-12 所示。

当为截面注写方式时，则在梁端截面配筋图上注写的上部纵筋后面括号内加注具体伸出长度值，如图 4-13 所示。

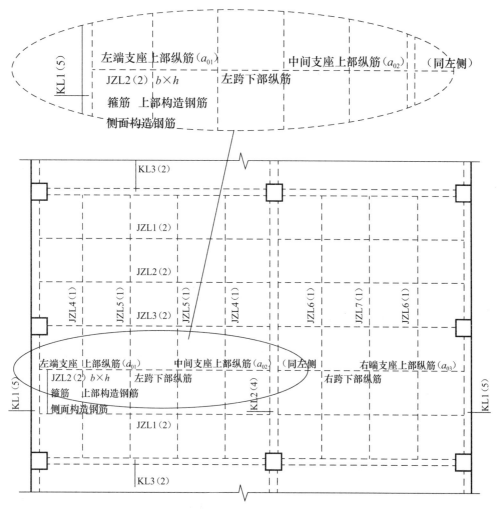

图 4-12 井字梁平面注写方式示例

注：图中仅示意井字梁的注写方法，未注明截面几何尺寸 $b \times h$，支座上部纵筋伸出长度 $a_{01} \sim a_{03}$，以及纵筋与箍筋的具体数值。

设计时应注意：

1）当井字梁连续设置在两片或多排网格区域时，才具有井字梁中间支座。

2）当某根井字梁端支座与其所在网格区域之外的非框架梁相连时，该位置上部钢筋的连续布置方式需由设计者注明。

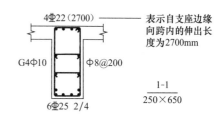

图 4-13 井字梁截面注写方式示例

8. 局部梁布置过密如何处理？

在梁平法施工图中，当局部梁的布置过密时，可将过密区用虚线框出，适当放大比例后再用平面注写方式表示。

9. 什么是梁截面注写方式? 包含哪些内容?

(1) 截面注写方式,系在分标准层绘制的梁平面布置图上,分别在不同编号的梁中各选择一根梁用剖面号引出配筋图,并在其上注写截面尺寸和配筋具体数值的方式来表达梁平法施工图。

(2) 对所有梁进行编号,从相同编号的梁中选择一根梁,先将"单边截面号"画在该梁上,再将截面配筋详图画在本图或其他图上。当某梁的顶面标高与结构层的楼面标高不同时,尚应继其梁编号后注写梁顶面标高高差(注写规定与平面注写方式相同)。

(3) 在截面配筋详图上注写截面尺寸 $b \times h$、上部筋、下部筋、侧面构造筋或受扭筋以及箍筋的具体数值时,其表达形式与平面注写方式相同。

(4) 对于框架扁梁尚需在截面详图上注写未穿过柱截面的纵向受力筋根数。对于框架扁梁节点核心区附加钢筋,需采用平、剖面图表达节点核心区附加纵向钢筋、柱外核心区全部竖向拉筋以及端支座附加 U 形箍筋,注写其具体数值。

(5) 截面注写方式既可以单独使用,也可与平面注写方式结合使用。

注:在梁平法施工图的平面图中,当局部区域的梁布置过密时,除了采用截面注写方式表达外,也可将加密区用虚线框出,适当放大比例后再用平面注写方式表示。当表达异形截面梁的尺寸与配筋时,用截面注写方式相对比较方便。

(6) 采应用截面注写方式表达的梁平法施工图示例见图 4-14。

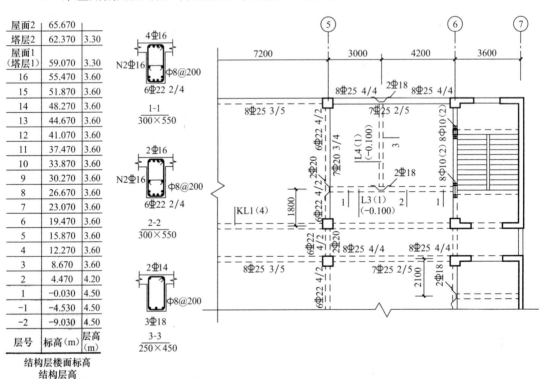

图 4-14　梁平法施工图截面注写方式示例

10. 梁支座上部纵筋的长度有哪些规定？

（1）为方便施工，凡框架梁的所有支座和非框架梁（不包括井字梁）的中间支座上部纵筋的伸出长度 a_0 值在标准构造详图中统一取值为：第一排非通长筋及与跨中直径不同的通长筋从柱（梁）边起伸出至 $l_n/3$ 位置；第二排非通长筋伸出至 $l_n/4$ 位置。l_n 的取值规定为：对于端支座，l_n 为本跨的净跨值；对于中间支座，l_n 为支座两边较大一跨的净跨值。

（2）悬挑梁（包括其他类型梁的悬挑部分）上部第一排纵筋伸出至梁端头并下弯，第二排伸出至 $3l/4$ 位置，l 为自柱（梁）边算起的悬挑净长。当具体工程需要将悬挑梁中的部分上部钢筋从悬挑梁根部开始斜向弯下时，应由设计者另加注明。

（3）设计者在执行上述第（1）、（2）条关于梁支座端上部纵筋伸出长度的统一取值规定时，特别是在大小跨相邻和端跨外为长悬臂的情况下，还应注意按《混凝土结构设计规范（2015 年版）》（GB 50010—2010）的相关规定校核，若不满足时应根据规范规定变更。

11. 不伸入支座的梁下部纵筋长度有哪些规定？

（1）当梁（不包括框支梁）下部纵筋不全部伸入支座时，不伸入支座的梁下部纵筋截断点距支座边的距离，在标准构造详图中统一取为 $0.1l_{ni}$，（l_{ni} 为本跨的净跨值）。

（2）当按上述第（1）条规定确定不伸入支座的梁下部纵筋的数量时，应符合《混凝土结构设计规范（2015 年版）》（GB 50010—2010）的有关规定。

12. 16G101-1 图集对其他梁结构有哪些规定？

（1）非框架梁、井字梁的上部纵向钢筋在端支座的锚固要求，16G101-1 图集标准构造详图中规定：当设计按铰接时（代号 L、JZL），平直段伸至端支座对边后弯折，并且平直段长度 $\geqslant 0.35l_{ab}$，弯折段投影长度 $15d$（d 为纵向钢筋直径）；当充分利用钢筋的抗拉强度时（代号 Lg、JZLg），直段伸至端支座对边后弯折，并且平直段长度 $\geqslant 0.6l_{ab}$，弯折段投影长度 $15d$。

（2）非框架梁的下部纵向钢筋在中间支座和端支座的锚固长度，在 16G101-1 图集的构造详图中规定对于带肋钢筋为 $12d$；对于光圆钢筋为 $15d$（d 为纵向钢筋直径）；端支座直锚长度不足时，可采取弯钩锚固形式措施；当计算中需要充分利用下部纵向钢筋的抗压强度或抗拉强度，或具体工程有特殊要求时，其锚固长度应由设计者按照《混凝土结构设计规范（2015 年版）》（GB 50010—2010）的相关规定进行变更。

（3）当非框架梁配有受扭纵向钢筋时，梁纵筋锚入支座的长度为 l_a，在端支座直锚长度不足时可伸至端支座对边后弯折，并且平直段长度 $\geqslant 0.6l_{ab}$，弯折段投影长度 $15d$。设计者应在图中注明。

（4）当梁纵筋兼做温度应力钢筋时，其锚入支座的长度由设计确定。

（5）当两楼层之间设有层间梁时（如结构夹层位置处的梁），应将设置该部分梁的区域画出另行绘制梁结构布置图，然后在其上表达梁平法施工图。

4.2 梁构件钢筋识图

13. 楼层框架梁纵向钢筋构造的主要内容包括哪些?

楼层框架梁纵向钢筋的构造要求包括:上部纵筋构造、下部纵筋构造和节点锚固要求,如图 4-15 所示。其主要内容有:

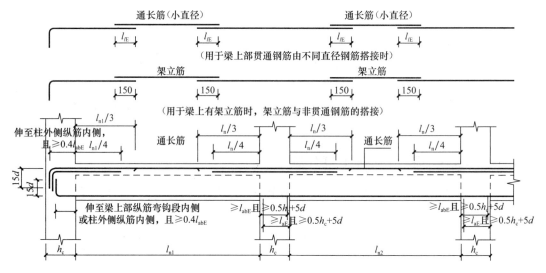

图 4-15 楼层框架梁钢筋构造

14. 框架梁端支座和中间支座上部非通长纵筋的截断位置如何规定?

框架梁端部或中间支座上部非通长纵筋自柱边算起,其长度统一取值:非贯通纵筋位于第一排时为 $l_n/3$,非贯通纵筋位于第二排时为 $l_n/4$,若由多于三排的非通长钢筋设计,则依据设计确定具体的截断位置。

l_n 取值:端支座处,l_n 取值为本跨净跨值;中间支座处,l_n 取值为左右两跨梁净跨值的较大值。

15. 框架梁上部通长筋的构造有哪些要求?

当跨中通长钢筋直径小于梁支座上部纵筋时,通常钢筋分别与梁两端支座上部纵筋搭接,搭接长度为 l_{lE},且按 100% 接头面积百分率计算搭接长度。当通长钢筋直径与梁端上部纵筋相同时,将梁端支座上部纵筋中按通长筋的根数延伸至跨中 1/3 净跨范围内交错搭接、机械连接或者焊接。当采用搭接连接时,搭接长度为 l_{lE},且当在同一连接区段时,按 100% 搭接接头面积百分率计算搭接长度;当不在同一区段内时,按 50% 搭接接头面积百分率计算搭接长度。

当框架梁设置箍筋的肢数多于 2 根，且当跨中通长钢筋仅为 2 根时，补充设计的架立钢筋与非贯通钢筋的搭接长度为 150mm。

16. 什么是架立筋？其根数和长度如何计算？

架立筋是梁的一种纵向构造钢筋。当梁顶面箍筋转角处无纵向受力钢筋时，应设置架立筋。架立筋的作用是形成钢筋骨架和承受温度收缩应力。

架立筋的根数 ＝ 箍筋的肢数 － 上部通长筋的根数

当梁的上部既有通长筋又有架立筋时，其中架立筋的搭接长度为 150mm。架立筋的长度是逐跨计算的，每跨梁的架立筋长度＝梁的净跨度－两端支座负筋的延伸长度＋150×2。

17. 框架梁上部与下部纵筋在端支座锚固有哪些要求？

（1）直锚形式。楼层框架梁中，当柱截面沿框架方向的高度，h_c 比较大，即 h_c 减柱保护层 c 大于等于纵向受力钢筋的最小锚固长度时，纵筋在端支座可以采用直锚形式。直锚长度取值应满足条件 $\max(l_{aE}, 0.5h_c+5d)$，如图 4-16 所示。

（2）弯锚形式。当柱截面沿框架方向的高度 h_c 比较小，即 h_c 减柱保护层 c 小于纵向受力钢筋的最小锚固长度时，纵筋在端支座应采用弯锚形式。纵筋伸入梁柱节点的锚固要求为水平长度取值≥$0.4l_{abE}$，竖直长度 $15d$。通常，弯锚的纵筋伸至柱截面外侧钢筋的内侧。

应注意：弯折锚固钢筋的水平长度取值≥$0.4l_{abE}$，是设计构件截面尺寸和配筋时要考虑的条件，而不是钢筋量计算的依据。

（3）加锚头/锚板形式。楼层框架梁中，纵筋在端支座可以采用加锚头/锚板锚固形式。锚头/锚板伸至柱截面外侧纵筋的内侧，且锚入水平长度取值≥$0.4l_{abE}$，如图 4-17 所示。

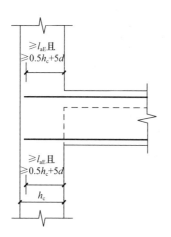

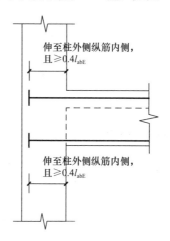

图 4-16　纵筋在端支座直锚构造　　图 4-17　纵筋在端支座加锚头/锚板构造

18. 框架梁下部纵筋在中间支座锚固和连接的构造有哪些要求？

框架梁下部纵筋在中间支座的锚固要求为：纵筋伸入中间支座的锚固长度取值为 max

（l_{aE}，$0.5h_c + 5d$）。弯折锚入的纵筋与同排纵筋净距不应小于 25mm。

框架梁下部纵筋可贯通中柱支座。在内力较小的位置连接，连接范围为箍筋加密区以外至柱边缘 $l_n/3$ 位置（l_n 为梁净跨长度值），钢筋连接接头百分率不应大于 50%。

19. 框架梁下部纵筋如何在中间支座节点外搭接？

框架梁下部纵筋不能在柱内锚固时，可在节点外搭接，如图 4-18 所示。相邻跨钢筋直径不同时，搭接位置位于较小直径的一跨。

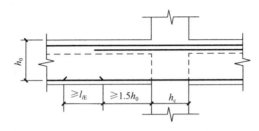

图 4-18　中间层中间节点梁下部筋在节点外搭接构造

20. 屋面框架梁纵筋构造有哪些要求？

屋面框架梁纵筋构造如图 4-19 所示。

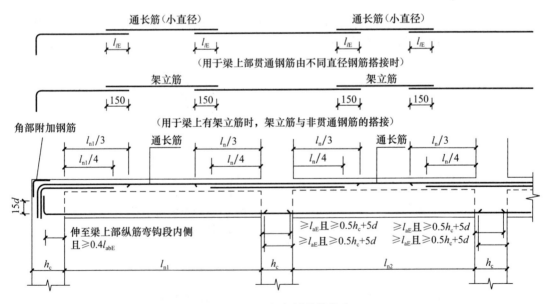

图 4-19　屋面框架梁纵筋构造

（1）梁上下部通长纵筋的构造

上部通长纵筋伸至尽端弯折伸至梁底，下部通长纵筋伸至梁上部纵筋弯钩段内侧，弯折 $15d$，锚入柱内的水平段均应 $\geq 0.4l_{abE}$；当柱宽度较大时，上部纵筋和下部纵筋在中间支座处伸入柱内的直锚长度$\geq l_{aE}$且$\geq 0.5h_c+d$（h_c为柱截面沿框架方向的高度，d为钢筋直径）。

（2）端支座负筋的延伸长度：

第一排支座负筋从柱边开始延伸至$l_{n1}/3$位置；第二排支座负筋从柱边开始延伸至$l_{n1}/4$位置（l_{n1}为边跨的净跨长度）。

（3）中间支座负筋的延伸长度：

第一排支座负筋从柱边开始延伸至$l_n/3$位置；第二排支座负筋从柱边开始延伸至$l_n/4$位置（l_n为支座两边的净跨长度l_{n1}和l_{n2}的最大值）。

（4）当梁上部贯通钢筋由不同直径搭接时，通长筋与支座负筋的搭接长度为l_{lE}。

（5）当梁上有架立筋时，架立筋与非贯通钢筋搭接，搭接长度为150mm。

21. 屋面框架梁下部纵筋在端支座锚固有哪些要求？

屋面楼层框梁下部纵筋在端支座的锚固要求有：

（1）直锚形式。屋面框架梁中，当柱截面沿框架方向的高度，h_c比较大，即h_c减柱保护层c大于等于纵向受力钢筋的最小锚固长度时，下部纵筋在端支座可以采用直锚形式。直锚长度取值应满足条件$\max(l_{aE}, 0.5h_c+5d)$，如图4-20所示。

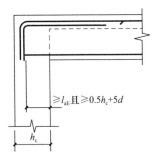

图4-20　纵筋在端支座直锚构造

（2）弯锚形式。当柱截面沿框架方向的高度h_c比较小，即h_c减柱保护层c小于纵向受力钢筋的最小锚固长度时，纵筋在端支座应采用弯锚形式。下部纵筋伸入梁柱节点的锚固要求为水平长度取值$\geq 0.4l_{abE}$，竖直长度$15d$。通常，弯锚的纵筋伸至柱截面外侧钢筋的内侧，如图4-21所示。

应注意：弯折锚固钢筋的水平长度取值$\geq 0.4l_{abE}$，是设计构件截面尺寸和配筋时要考虑的条件而不是钢筋量计算的依据。

（3）加锚头/锚板形式。屋面框架梁中，下部纵筋在端支座可以采用加锚头/锚板锚固形式。锚头/锚板伸至柱截面外侧纵筋的内侧，且锚入水平长度取值$\geq 0.4l_{abE}$，如图4-22所示。

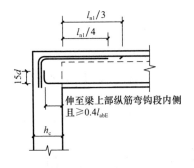

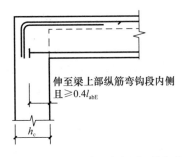

图4-21　纵筋在端支座弯锚构造　　图4-22　纵筋在端支座加锚头/锚板构造

22. 屋面框架梁下部纵筋如何在中间支座节点外搭接?

屋面框架梁下部纵筋不能在柱内锚固时,可在节点外搭接,如图 4-23 所示。相邻跨钢筋直径不同时,搭接位置位于较小直径的一跨。

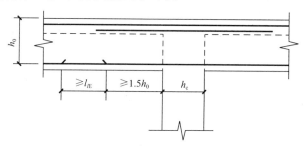

图 4-23　顶层中间节点梁下部筋在节点外搭接构造

23. 框架梁根部加腋构造如何分类? 分别包含哪些内容?

框架梁加腋构造可分为水平加腋和竖向加腋两种构造。

(1) 框架梁水平加腋构造

框架梁水平加腋构造,见图 4-24。

图中,当梁结构平法施工图中,水平加腋部位的配筋设计未给出时,其梁腋上下部斜纵筋(仅设置第一排)直径分别同梁内上下纵筋,水平间距不宜大于 200mm;水平加腋部位侧面纵向构造钢筋的设置及构造要求同抗震楼层框架梁的要求。

图中,c_3 按下列规定取值:

1) 抗震等级为一级:$\geq 2.0 h_b$ 且 ≥ 500mm;

2) 抗震等级为二～四级:$\geq 1.5 h_b$ 且 ≥ 500mm。

(2) 框架梁竖向加腋构造

框架梁竖向加腋构造,见图 4-25。

框架梁竖向加腋构造适用于加腋部分,参与框架梁计算,配筋由设计标注。图中,c_3 的取值同水平加腋构造。

24. 屋面框架梁中间支座变截面钢筋构造有哪些要求?

(1) 梁顶一平。屋面框架梁顶部保持水平,底部不平时的构造要求:支座上部纵筋贯通布置,梁截面高度大的梁下部纵筋锚固同端支座锚固构造要求相同,梁截面小的梁下部纵筋锚固同中间支座锚固构造要求相同,如图 4-26 所示。

(2) 梁底一平。屋面框架梁底部保持水平,顶部不平时的构造要求:梁截面高大的支座上部纵筋锚固要求如图 4-27 所示,需注意到是,弯折后的竖直段长度 l_{aE} 是从截面高度小的梁顶面算起;梁截面高度小的支座上部纵筋锚固要求为伸入支座锚固长度为 l_{aE} 且 $\geq 0.5 h_c + 5d$;下部纵筋的锚固措施与梁高度不变时相同。

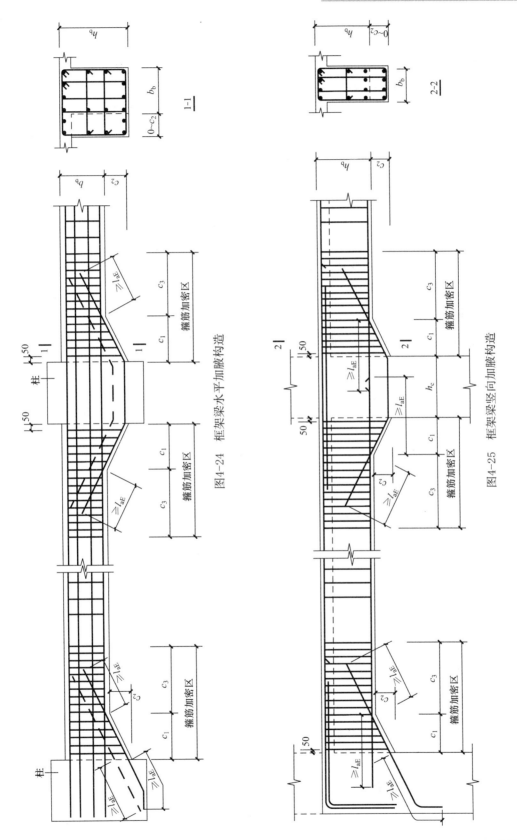

图4-24 框架梁水平加腋构造

图4-25 框架梁竖向加腋构造

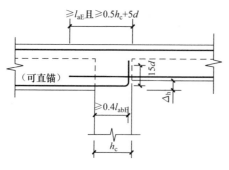

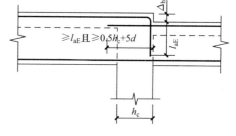

图 4-26　屋面框架梁顶部齐平　　　　　图 4-27　屋面框架梁底部齐平

（3）支座两边梁宽不同。屋面框架梁中间支座两边框架梁宽度不同或错开布置时，无法直通的纵筋弯锚入柱内；或当支座两边纵筋根数不同时，可将多出的纵筋弯锚入柱内。锚固的构造要求：上部纵筋弯锚入柱内，弯折段长度为 l_{aE}，下部纵筋锚入柱内平直段长度 $\geqslant 0.4 l_{abE}$，弯折长度为 $15d$，如图 4-28 所示。

25. 楼层框架梁中间支座变截面处纵向钢筋构造有哪些要求？

（1）梁顶梁底均不平。楼层框架梁梁顶梁底均不平时，可分为以下两种情况：

1）梁顶（梁底）高差较大。当 $\Delta_h/(h_c-50)>1/6$ 时，高梁上部纵筋弯锚水平段长度 $\geqslant 0.4 l_{abE}$，弯钩长度为 $15d$，低梁下部纵筋直锚长度为 $\geqslant l_{aE}$ 且 $\geqslant 0.5 h_c+5d$。梁下部纵筋锚固构造同上部纵筋，如图 4-29 所示。

2）梁顶（梁底）高差较小。当 $\Delta_h/(h_c-50)\leqslant 1/6$ 时，梁上部（下部）纵筋可连续布置（弯曲通过中间节点），如图 4-30 所示。

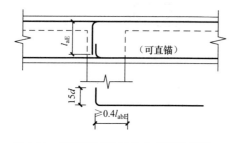

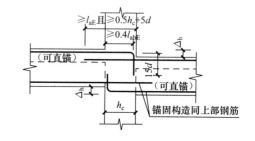

图 4-28　屋面框架梁梁宽度不同示意图　　　图 4-29　梁顶（梁底）高差较大

（2）支座两边梁宽不同。楼层框架梁中间支座两边框架梁宽度不同或错开布置时，无法直通的纵筋弯锚入柱内；或当支座两边纵筋根数不同时，可将多出的纵筋弯锚入柱内。锚固的构造要求：上部纵筋弯锚入柱内，弯折段长度为 $15d$，下部纵筋锚入柱内平直段长度 $\geqslant 0.4 l_{abE}$，弯折长度为 $15d$，如图 4-31 所示。

26. 梁箍筋的构造要求有哪些？

框架梁（KL、WKL）箍筋构造要求，如图 4-32 和图 4-33 所示，主要有以下几点：

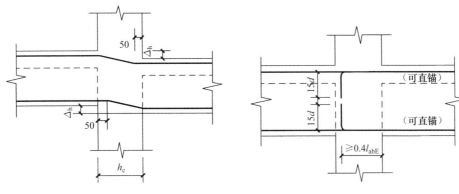

图 4-30　梁顶（梁底）高差较小　　　　图 4-31　楼层框架梁支座两边梁宽不同

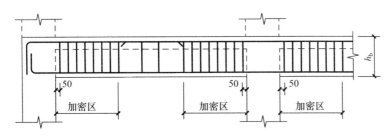

图 4-32　框架梁（KL、WKL）箍筋构造要求（一）

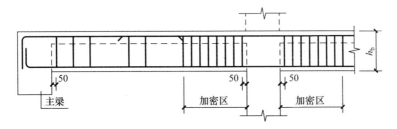

图 4-33　框架梁（KL、WKL）箍筋构造要求（二）

（1）箍筋加密范围

梁支座负筋设箍筋加密区：

一级抗震等级：加密区长度为 $\max(2h_b，500)$；

二至四级抗震等级：加密区长度为 $\max(1.5h_b，500)$。其中，h_b 为梁截面高度。

（2）箍筋位置

框架梁第一道箍筋距离框架柱边缘为 50mm。注意在梁柱节点内，框架梁的箍筋不设。

（3）弧形梁沿梁中心线展开，箍筋间距沿凸面线量度。

（4）箍筋复合方式

多于两肢箍的复合箍筋应采用外封闭大箍套小箍的复合方式。

27. 非框架梁就是次梁吗？

非框架梁是相对于框架梁而言；次梁则是相对于主梁而言。这是两个不同的概念。

在框架结构中，次梁一般是非框架梁。因为次梁以主梁为支座，非框架梁以框架或非框架梁为支座。但是，也有特殊的情况，如图 4-34 左图所示的框架梁 KL3 就以 KL2 为中间支座，因此 KL2 就是主梁，而框架梁 KL3 就成为次梁了。

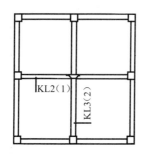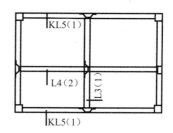

图 4-34

此外，次梁也有一级次梁和二级次梁之分。例如，图 4-34 右图所示的 L3 是一级次梁，它以框架梁 KL5 为支座；而 L4 为二级次梁，它以 L3 为支座。

28. 非框架梁配筋构造如何？

非框架梁配筋构造，见图 4-35。

从图中可以看出，非框架梁的架立筋搭接长度为 150mm。

29. 非框架梁上部纵筋的延伸长度如何规定？

（1）非框架梁端支座上部纵筋的延伸长度

设计按铰接时，取 $l_{n1}/5$；充分利用钢筋的抗拉强度时，取 $l_{n1}/3$。其中，"设计按铰接时"用于代号为 L 的非框架梁，"充分利用钢筋的抗拉强度时"用于代号为 Lg 的非框架梁。

（2）非框架梁中间支座上部纵筋延伸长度

非框架梁中间支座上部纵筋延伸长度取 $l_n/3$（l_n 为相邻左右两跨中跨度较大一跨的净跨值）。

30. 非框架梁纵向钢筋的锚固有哪些规定？

（1）非框架梁上部纵筋在端支座的锚固

非框架梁端支座上部纵筋弯锚，弯折段竖向长度为 15d，而弯锚水平段长度为：伸至支座对边弯折，设计按铰接时，取 $\geqslant 0.35 l_{ab}$，充分利用钢筋的抗拉强度时，取 $\geqslant 0.6 l_{ab}$；伸入端支座直段长度满足 l_a 时，可直锚，如图 4-36 所示。

（2）下部纵筋在端支座的锚固

当梁中纵筋采用带肋钢筋时，梁下部钢筋的直锚长度为 12d；当梁中纵筋采用光圆钢筋时，梁下部钢筋的直锚长度为 15d；当下部纵筋伸入边支座长度不满足直锚 12d（15d）时，如图 4-37 所示。

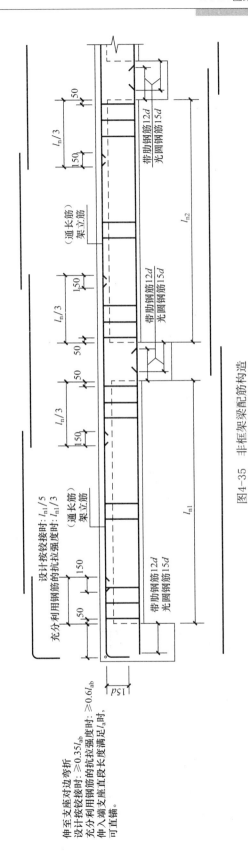

图4-35 非框架梁配筋构造

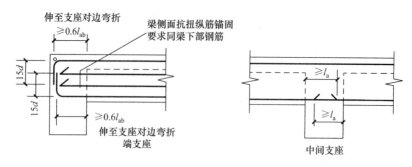

图 4-36　受扭非框架梁纵筋构造

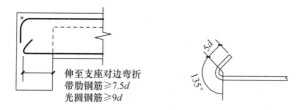

图 4-37　端支座非框架梁下部纵筋弯锚构造

31. 非框架梁箍筋构造包括哪些内容？

非框架梁箍筋构造要点主要包括以下几点：

（1）没有作为抗震构造要求的箍筋加密区。

（2）第一个箍筋在距支座边缘 50mm 处开始设置。

（3）弧形非框架梁的箍筋间距沿凸面线度量。

（4）当箍筋为多肢复合箍时，应采用大箍套小箍的形式。

当端支座为柱、剪力墙（平面内连接时），梁端部应设置箍筋加密区，设计应确定加密区长度。设计未确定时取消该工程框架梁加密区长度。梁端与柱斜交，或与圆柱相交时的箍筋起始位置，见图 4-38。

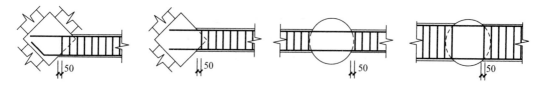

图 4-38　梁端与柱斜交，或与圆柱相交时的箍筋起始位置

32. 非框架梁中间支座变截面处纵向钢筋构造如何规定？

（1）梁顶、梁底均不平。高梁上部纵筋弯锚，弯折段长度为 l_a，弯钩段长度从低梁顶部算起，低梁下部纵筋直锚长度为 l_a。梁下部纵筋锚固构造同上部纵筋，如图 4-39 所示。

（2）支座两边梁宽不同。非框架梁中间支座两边框架梁宽度不同或错开布置时，无法直通的纵筋弯锚入柱内；或当支座两边纵筋根数不同时，可将多出的纵筋弯锚入柱内。锚固的构造要求：上部纵筋弯锚入柱内，弯折竖向长度为 $15d$，弯折水平段长度$\geqslant 0.6l_{ab}$，如图 4-40 所示。

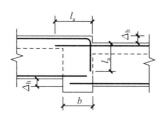
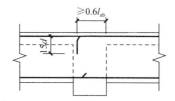

图 4-39　梁顶、梁底均不平　　　　　图 4-40　非框架梁梁宽度不同示意图

33. 无论什么梁，支座负筋延伸长度都是"$l_n/3$"和"$l_n/4$"？

（1）框架梁（KL）"支座负筋延伸长度"来说，端支座和中间支座是不同的。

1）端支座负弯矩筋的水平长度：

第一排负弯矩筋从柱（梁）边起延伸至 $l_{n1}/3$ 位置。

第二排负弯矩筋从柱（梁）边起延伸至 $l_{n1}/4$ 位置。

（注：l_{n1} 是边跨的净跨长度）

2）中间支座负弯矩筋的水平长度：

第一排负弯矩筋从柱（梁）边起延伸至 $l_n/3$ 位置。

第二排负弯矩筋从柱（梁）边起延伸至 $l_n/4$ 位置。

（注：l_n 是支座两边的净跨长度 l_{n1} 和 l_{n2} 的最大值）

从上面的介绍可以看出，第一排支座负筋延伸长度从字面上说，似乎都是"三分之一净跨"，但要注意，端支座和中间支座是不一样的，一不小心就会出错。

对于端支座来说，是按"本跨"（边跨）的净跨长度来进行计算的。

而中间支座是按"相邻两跨"的跨度最大值来进行计算的。

（2）关于"支座负筋延伸长度"，16G101-1 标准图集只给出了第一排钢筋和第二排钢筋的情况，如果发生"第三排"支座负筋，其延伸长度应该由设计师给出。

（3）16G101-1 图集第 84 页关于支座负筋延伸长度的规定，不但对"框架梁"（KL）适用，对"非框架梁"（L）的中间支座同样适用。

为了方便施工，凡框架梁的所有支座和非框架梁（不包括井字梁）的中间支座上部纵筋的伸出长度 a_0 值在标准构造详图中统一取值为：第一排非通长筋及与跨中直径不同的通长筋从柱（梁）边起伸出至 $l_n/3$ 位置；第二排非通长筋伸出至 $l_n/4$ 位置。l_n 的取值规定为：对于端支座，l_n 为本跨的净跨值；对于中间支座，l_n 为支座两边较大一跨的净跨值。

此处"梁"是专门针对非框架梁（即次梁）说的，因为非框架梁（次梁）以框架梁（主梁）为支座。

（4）对于基础梁（基础主梁和基础次梁）来说，如果不考虑水平地震作用，那么它的受力方向的楼层梁刚好是上下相反。这样，基础梁的"底部贯通纵筋"与楼层梁的"上部贯通纵筋"的受力作用是相同的；基础梁的"底部非贯通纵筋"与楼层梁的"上部非通长筋"是相同的。

另外，框架梁与框架柱的关系是"柱包梁"，所以柱截面的宽度比较大、梁截面的宽度比较小；对于基础主梁来说，则是"梁包柱"。这样一来，基础主梁的截面宽度应该大于柱截面的宽度。当基础主梁截面宽度小于或等于柱截面宽度的时候，基础主梁就必须加侧腋。而说到"加腋"，框架梁的加腋是由设计标注的，但基础主梁的加侧腋是设计不标注的，由施工人员自己去处理。

还有，框架梁的箍筋加密区长度是标准图集指定的；而基础梁的箍筋加密区长度则在标准图集中没有规定，所以设计人员必须写明加密箍筋的根数和间距。

34. 不伸入支座梁下部纵向钢筋构造要求有哪些？

当梁（不包括框支梁）下部纵筋不全部伸入支座时，不伸入支座的梁下部纵筋截断点距支座边的距离，统一取为 $0.1l_{ni}$（l_{ni} 为本跨梁的净跨值），如图 4-41 所示。

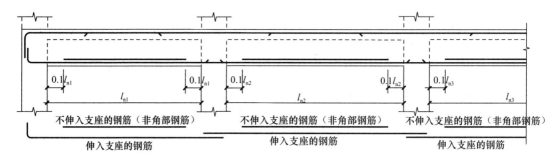

图 4-41　不伸入支座的梁下部纵向钢筋断点位置

35. 折线梁（垂直弯折）下部受力纵筋该如何配置？

1）折线梁，如坡屋面，当内折角小于 160°时，折梁下部弯折角度较小时，会使下部混凝土崩落而产生破坡，所以下部纵向受力钢筋不应用整根钢筋弯折配置，应在弯折角处纵筋断开，各自分别斜向伸入梁的顶部，锚固在梁上部的受压区并满足直线锚固长度要求；上部钢筋可以弯折配置，如图 4-42 所示。

2）考虑到折梁上部钢筋截断后不能在梁上部受压区完全锚固，因此在弯折处两侧各 $s/2$ 的范围内，增设加密箍筋，来承担这部分受拉钢筋的合力，这是根据计算确定的钢筋直径和间距，范围 s 根据内折角的角度 α 有关，也和梁的高度 h 有关。

3）当内折角小于 160°时，也可在内折角处设置角托，加底托满足直锚长度的要求，斜向钢筋也要满足直线锚固长度要求，箍筋的加密范围比第一种要大，如图 4-43 所示。

4）当内折角≥160°时，下部钢筋可以通长配置，采用折线型，不必断开，箍筋加密的长度和做法按无角托计算。$s=\dfrac{1}{2}h\tan(3\alpha/8)$，如图 4-44 所示。

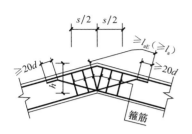

图 4-42　竖向折梁钢筋构造（一）
s 的范围及箍筋具体值由设计指定

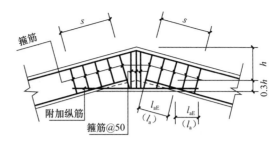

图 4-43　竖向折梁钢筋构造（二）
s 的范围、附加纵筋和箍筋具体值由设计指定

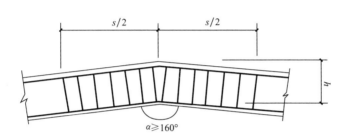

图 4-44　梁内折角的配筋

36. 附加箍筋、吊筋的构造要求有哪些?

当次梁作用在主梁上，由于次梁集中荷载的作用，使得主梁上易产生裂缝。为防止裂缝的产生，在主次梁节点范围内，主梁的箍筋（包括加密与非加密区）正常设置，除此以外，再设置上相应的构造钢筋：附加箍筋或附加吊筋，其构造要求如图 4-45 和图 4-46 所示。

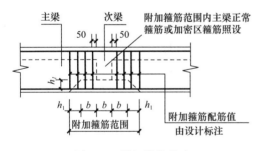

图 4-45　附加箍筋构造

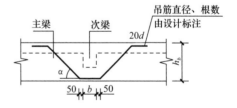

图 4-46　附加吊筋钢筋构造

附加箍筋的构造要求：第一根附加箍筋距离次梁边缘的距离为 50，附加箍筋范围为 $3b+2h_1$（b 为次梁宽，h_1 为主次梁高差）。

附加吊筋的构造要求：梁高≤800mm 时，吊筋弯折的角度为 45°；梁高>800mm 时，吊筋弯折的角度为 60°；吊筋在次梁底部的宽度为 $b+2×50$，在次梁两边的水平段长度为 20d。

37. 侧面纵向构造钢筋及拉筋的构造要求有哪些?

梁侧面钢筋（腰筋）有侧面纵向构造钢筋（G）和受扭钢筋（N）。其构造要求如图 4-47

所示。当梁侧面钢筋为构造钢筋时，其搭接和锚固长度均为 15d，当为受扭钢筋时，其搭接长度为 l_{lE} 或 l_l，锚固长度为 l_{aE} 或 l_a，锚固方式同框架梁下部纵筋。

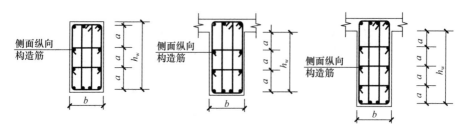

图 4-47　梁侧面纵向构造钢筋和拉筋

（1）侧面纵向构造钢筋

梁侧面纵筋构造钢筋的设置条件：当梁腹板高度≥450mm 时，须设置构造钢筋，纵向构造钢筋间距要求≤200mm。当梁侧面设置受扭钢筋且其间距不大于 200mm 时，则不需重复设置构造钢筋。

（2）拉筋

梁中拉筋直径的确定：梁宽≤350mm 时，拉筋直径为 6mm；梁宽＞350mm 时，拉筋直径为 8mm。拉筋间距的确定：非加密区箍筋间距的两倍，当有多排拉筋时，上下两排拉筋竖向错开设置。

拉筋弯钩与光圆钢筋的 180°弯钩的对比图见图 4-48。

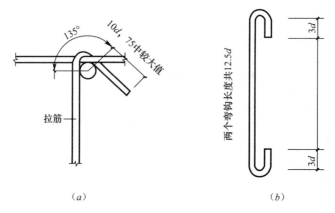

图 4-48　拉筋弯钩与光圆钢筋的 180°弯钩的对比图
（a）拉筋紧靠纵向钢筋并勾住箍筋；（b）光圆钢筋的 180°弯钩

拉筋弯钩角度为 135°，弯钩的平直段长度为 10d 和 75mm 中的最大值。

38. 纯悬挑梁钢筋构造要求有哪些？

纯悬挑梁钢筋构造如图 4-49 所示。
其构造要求为：

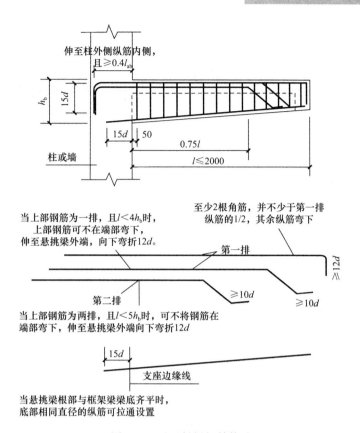

图 4-49　纯悬挑梁钢筋构造

（1）上部纵筋构造

1）第一排上部纵筋，"至少 2 根角筋，并不少于第一排纵筋的 1/2"的上部纵筋一直伸到悬挑梁端部，再拐直角弯直伸到梁底，"其余纵筋弯下"（即钢筋在端部附近下完 90° 斜坡）。当上部钢筋为一排且 $l < 4h_b$ 时，上部钢筋可不在端部弯下，伸至悬挑梁外端，向下弯折 12d。

2）第二排上部纵筋伸至悬挑端长度的 0.75 处，弯折到梁下部，再向梁尽端弯折 ≥10d。当上部钢筋为两排且 $l < 5h_b$ 时，可不将钢筋在端部弯下，伸至悬挑梁外端向下弯折 12d。

（2）下部纵筋构造

下部纵筋在制作中的锚固长度为 15d。当悬挑梁根部与框架梁梁底齐平时，底部相同直径的纵筋可拉通设置。

39. 其他各类悬挑端配筋构造要求有哪些？

（1）楼层框架梁悬挑端构造如图 4-50 所示。

楼层框架梁悬挑端共给出了 5 种构造做法：

节点①：悬挑端有框架梁平伸出，上部第二排纵筋在伸出 0.75l 之后，弯折到梁下部，再向梁尽端弯出 ≥10d。下部纵筋直锚长度 15d。

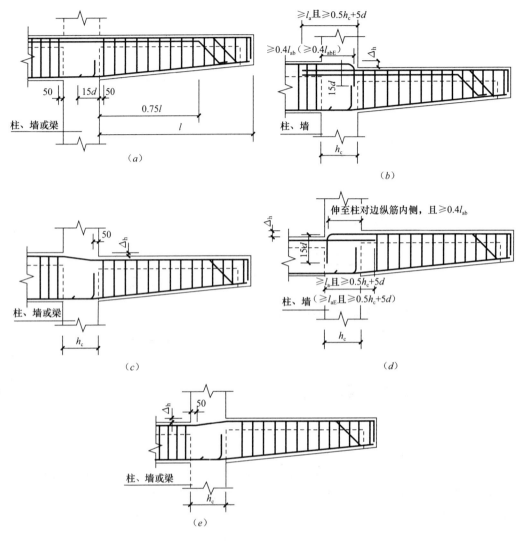

图 4-50　楼层框架梁悬挑端构造

(a) 节点①；(b) 节点②；(c) 节点③；(d) 节点④；(e) 节点⑤

节点②：当悬挑端比框架梁低 $\Delta_h[\Delta_h/(h_c-50)>1/6]$ 时，仅用于中间层；框架梁弯锚水平段长度 $\geqslant 0.4l_{ab}$ $(0.4l_{abE})$，弯钩 $15d$；悬挑端上部纵筋直锚长度 $\geqslant l_a$ 且 $\geqslant 0.5h_c+5d$。

节点③：当悬挑端比框架梁低 $\Delta_h[\Delta_h/(h_c-50)\leqslant 1/6]$ 时，上部纵筋连续布置，用于中间层，当支座为梁时也可用于屋面。

节点④：当悬挑端比框架梁低 $\Delta_h[\Delta_h/(h_c-50)>1/6]$ 时，仅用于中间层；悬挑端上部纵筋弯锚，弯锚水平段伸至对边纵筋内侧，且 $\geqslant 0.4l_{ab}$，弯钩 $15d$；框架梁上部纵筋直锚长度 $\geqslant l_a$ 且 $\geqslant 0.5h_c+5d$ $(l_{aE}$ 且 $\geqslant 0.5h_c+5d)$。

节点⑤：当悬挑端比框架梁高 $\Delta_h[\Delta_h/(h_c-50)\leqslant 1/6]$ 时，上部纵筋连续布置，用于中间层，当支座为梁时也可用于屋面。

（2）屋面框架梁悬挑端构造

屋面框架梁悬挑端构造如图 4-51 所示。

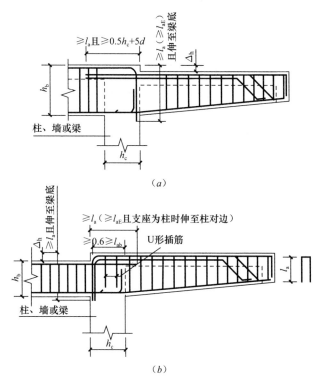

图 4-51 屋面框架梁悬挑端构造

（a）节点⑥；（b）节点⑦

屋面框架梁悬挑端共给出了两种构造做法：

节点⑥：当悬挑端比框架梁低 Δ_h（$\Delta_h \leqslant h_b/3$）时，框架梁上部纵筋弯锚，直钩长度$\geqslant$ l_a（l_{aE}）且伸至梁底，悬挑端上部纵筋直锚长度$\geqslant l_a$ 且$\geqslant 0.5h_c + 5d$，可用于屋面。当支座为梁时，也可用于中间层。

节点⑦：当悬挑端比框架梁高 Δ_h（$\Delta_h \leqslant h_b/3$）时，框架梁上部纵筋直锚长度$\geqslant l_a$（l_{aE} 且支座为柱时伸至柱对边），悬挑端上部纵筋弯锚，弯锚水平段长度$\geqslant 0.6l_{ab}$，直钩长度$\geqslant l_a$ 且伸至梁底，可用于屋面。当支座为梁时，也可用于中间层。

40. 框架扁梁中柱节点构造要求有哪些？

框架扁梁中柱节点构造如图 4-52 所示。

（1）框架扁梁上部通长钢筋连接位置、非贯通钢筋伸出长度要求同框架梁。

（2）穿过柱截面的框架扁梁下部纵筋，可在柱内锚固；未穿过柱截面下部纵筋应贯通节点区。

（3）框架扁梁下部纵筋在节点外连接时，连接位置宜避开箍筋加密区，并宜位于支座 $l_{ni}/3$ 范围之内。

（4）箍筋加密区要求见图 4-53。

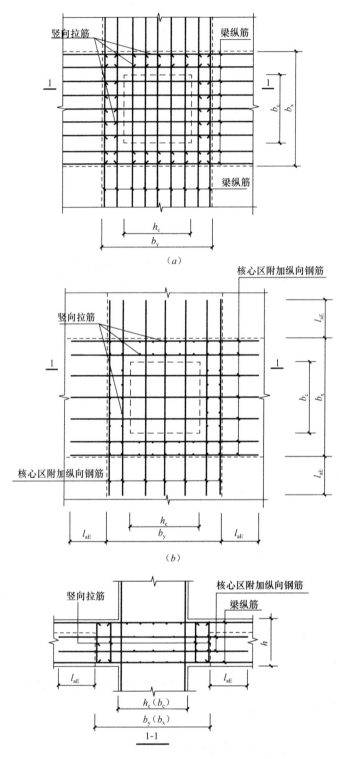

图 4-52 框架扁梁中柱节点构造

（a）框架扁梁中柱节点竖向拉筋；（b）框架扁梁中柱节点附加纵向钢筋

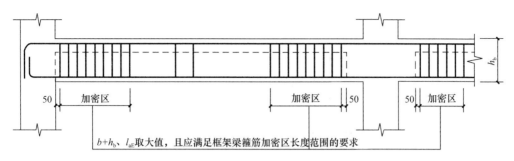

图 4-53　框架扁梁箍筋构造

41. 架扁梁边柱节点构造要求有哪些?

框架扁梁边柱节点构造如图 4-54 所示。

(1) 穿过柱截面框架扁梁纵向受力钢筋锚固做法同框架梁。

(2) 框架扁梁上部通长钢筋连接位置、非贯通钢筋伸出长度要求同框架梁。

(3) 框架扁梁下部纵筋在节点外连接时, 连接位置宜避开箍筋加密区, 并宜位于支座 $l_{ni}/3$ 范围之内。

(4) 节点核心区附加纵向钢筋在柱及边梁中锚固同框架扁梁纵向受力钢筋, 如图 4-55、图 4-56 所示。

(5) 当 $h_c - b_s \geqslant 100$ 时, 需设置 U 形箍筋及竖向拉筋。

(6) 竖向拉筋同时勾住扁梁上下双向纵筋, 拉筋末端采用 135°弯钩, 平直段长度为 $10d$。

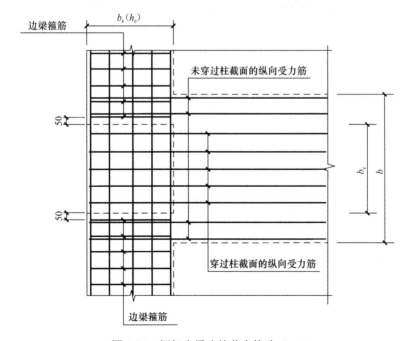

图 4-54　框架扁梁边柱节点构造 (一)

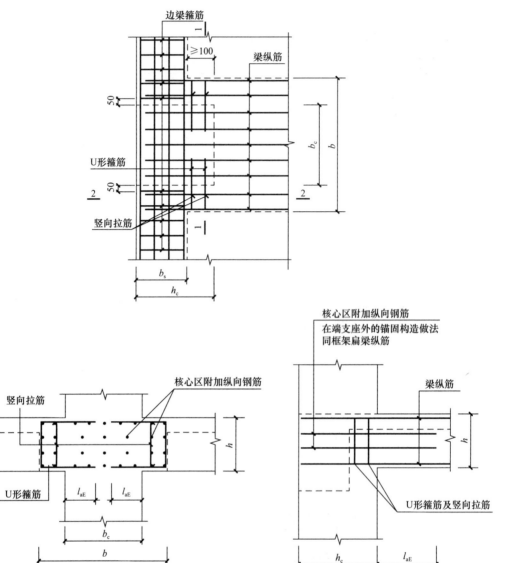

图 4-54 框架扁梁边柱节点构造（二）

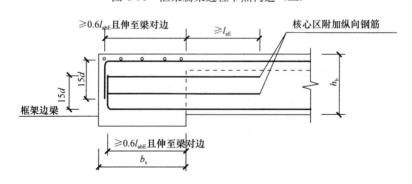

图 4-55 未穿过柱截面的扁梁纵向受力筋锚固做法（一）

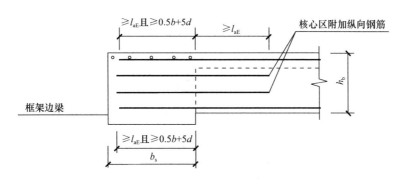

图 4-55　未穿过柱截面的扁梁纵向受力筋锚固做法（二）

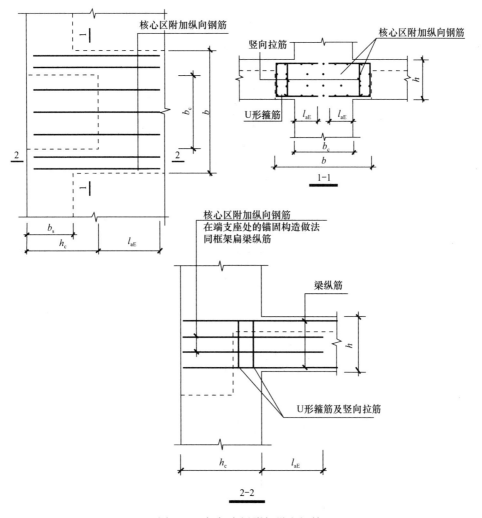

图 4-56　框架扁梁附加纵向钢筋

42. 框支梁配筋如何构造?

框支梁的配筋构造，如图 4-57 所示。

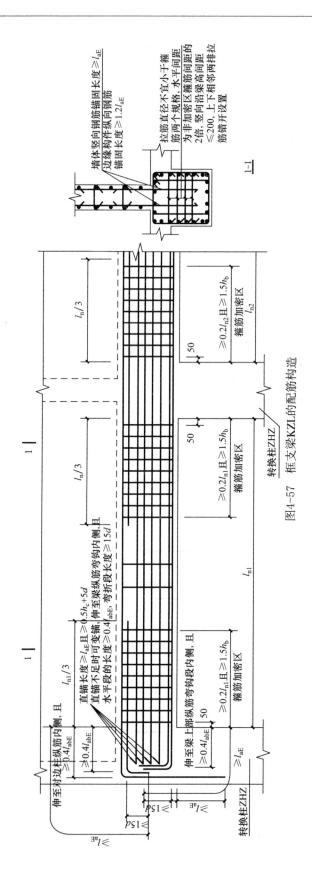

图4-57 框支梁KZL的配筋构造

（1）框支梁第一排上部纵筋为通长筋。第二排上部纵筋在端支座附近断在 $l_{n1}/3$ 处，在中间支座附近断在 $l_n/3$ 处（l_{n1} 为本跨的跨度值；l_n 为相邻两跨的较大跨度值）。

（2）框支梁上部纵筋伸入支座对边之后向下弯锚，通过梁底线后再下插 l_{aE}，其直锚水平段 $\geqslant 0.4l_{abE}$。

（3）框支梁侧面纵筋是全梁贯通，在梁端部直锚长度 $\geqslant 0.4l_{abE}$，弯折长度 $15d$。

（4）框支梁下部纵筋在梁端部直锚长度 $\geqslant 0.4l_{abE}$，且向上弯折 $15d$。

（5）当框支梁的下部纵筋和侧面纵筋直锚长度 $\geqslant l_{aE}$ 时，可不必向上或水平弯锚。

（6）框支梁箍筋加密区长度为 $\geqslant 0.2l_{n1}$ 且 $\geqslant 1.5h_b$（h_b 为梁截面的高度）。

（7）框支梁拉筋直径不宜小于箍筋，水平间距为非加密区箍筋间距的两倍，竖向沿梁高间距 $\leqslant 200$，上下相邻两排拉筋错开设置。

（8）梁纵向钢筋的连接宜采用机械连接接头。

（9）框支梁上部墙体开洞部位加强做法如图 4-58 所示。

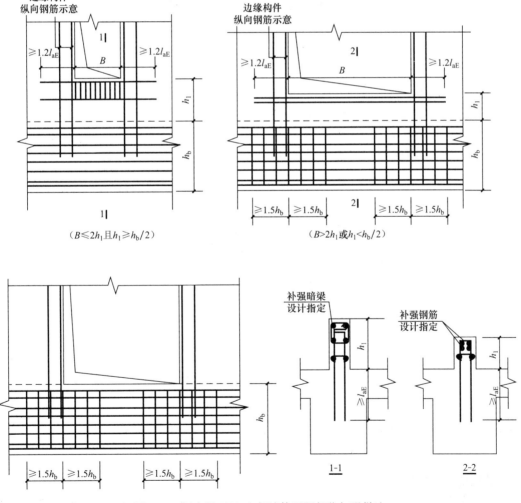

图 4-58 框支梁 KZL 上部墙体开洞部位加强做法

43. 转换柱配筋如何构造?

转换柱的配筋构造,如图 4-59 所示。

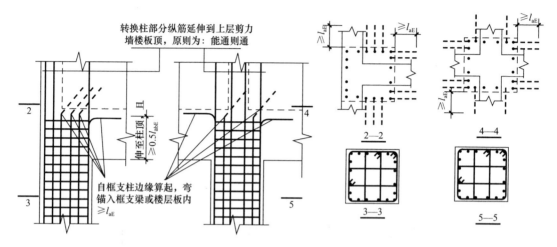

图 4-59 转换柱 ZHZ 配筋构造

(1)转换柱的柱底纵筋的连接构造同抗震框架柱。

(2)柱纵筋的连接宜采用机械连接接头。

(3)转换柱部分纵筋延伸到上层剪力墙楼板顶部,原则为能同则通。

(4)托柱转换梁托柱位置箍筋加密构造如图 4-60 所示。

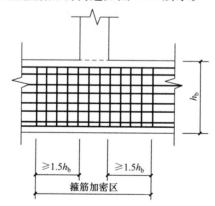

图 4-60 托柱转换梁 TZL 托柱位置箍筋加密构造

44. 井字梁配筋如何构造?

井字梁配筋构造,如图 4-61 所示。

其构造要点概括如下:

(1)上部纵筋锚入端支座的水平段长度:当设计按铰接时,长度 $\geqslant 0.35 l_{ab}$;当充分利用钢筋的抗拉强度时,长度 $\geqslant 0.6 l_{ab}$,弯锚 $15d$。

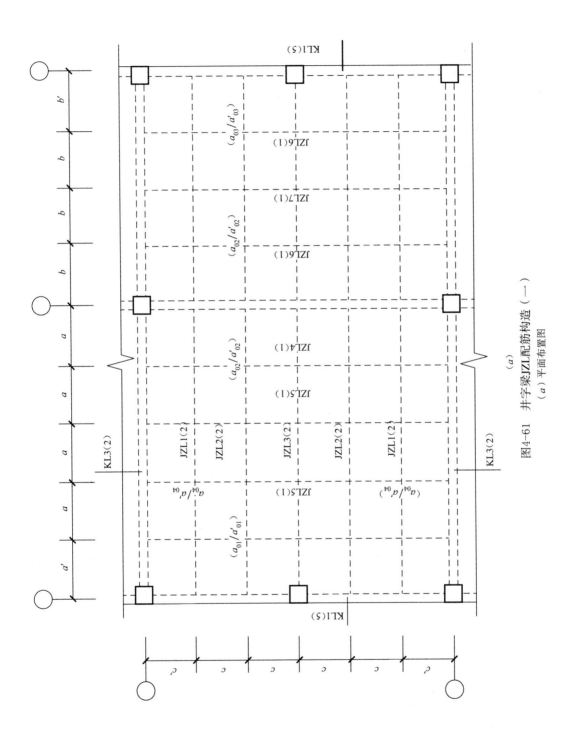

图4-61 井字梁JZL配筋构造（一）

（a）平面布置图

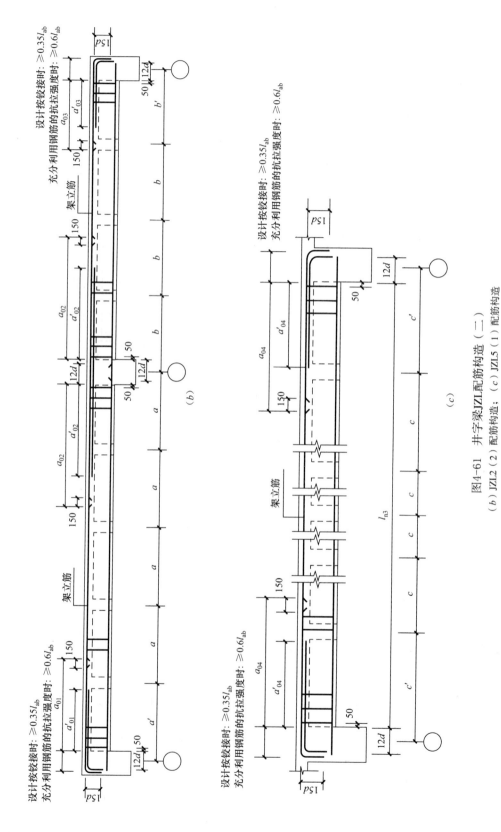

图4-61 井字梁JZL配筋构造（二）

(b) JZL2（2）配筋构造；(c) JZL5（1）配筋构造

（2）架立筋与支座负筋的搭接长度为 150mm。

（3）下部纵筋在端支座直锚 $12d$，在中间支座直锚 $12d$。

（4）从距支座边缘 50mm 处开始布置第一个箍筋。

4.3 梁构件钢筋计算

45. 梁上部钢筋长度如何计算?

（1）上部通长钢筋长度

上部通长钢筋长度计算公式：

$$长度 = 各跨净跨值 \, l_n \, 之和 + 各支座宽度 + 左、右锚固长度 \tag{4-1}$$

（2）支座负筋长度

端支座负筋长度计算公式：

$$长度 = 负筋延伸长度 + 锚固长度 \tag{4-2}$$

中间支座负筋长度计算公式：

$$长度 = 2 \times 负筋延伸长度 + 支座宽度 \tag{4-3}$$

当支座间净跨值较小，左右两跨值较大时，常将支座上部的负弯矩钢筋在中间较小跨贯通设置，此时，负弯矩钢筋的长度计算方法为：

$$长度 = 左跨负弯矩钢筋延伸长度 + 右跨负弯矩钢筋延伸长度$$
$$+ 中间较小跨净跨值 + 2 \times 中间支座宽度 \tag{4-4}$$

（3）架立钢筋长度

架立钢筋长度计算公式：

不等跨梁：

$$长度 = 本跨净跨值 - 两端支座负筋的延伸长度 + 2 \times 搭接长度 \tag{4-5}$$

等跨梁：

$$长度 = 本跨净跨值 / 3 + 2 \times 搭接长度 \tag{4-6}$$

46. 梁下部钢筋长度如何计算?

（1）下部通长钢筋长度

下部通长钢筋长度计算公式同上部通长钢筋长度计算公式。

（2）下部非通长钢筋长度

下部非通长钢筋长度计算公式：

$$长度 = 净跨值 + 左锚固长度 + 右锚固长度 \tag{4-7}$$

（3）下部不伸入支座钢筋长度

下部不伸入支座钢筋长度计算公式：

$$长度 = 净跨值 \, l_n - 2 \times 0.1 l_{ni} - 0.8 l_{ni} \tag{4-8}$$

47. 梁中部钢筋长度如何计算？

梁中部钢筋的形式：构造钢筋（G）和受扭钢筋（N）。

构造钢筋长度计算公式：

$$长度 = 净跨值 + 2 \times 15d \tag{4-9}$$

受扭钢筋长度计算公式：

$$长度 = 净跨值 + 2 \times 锚固长度 \tag{4-10}$$

48. 箍筋和拉筋的长度和根数如何计算？

箍筋和拉筋计算包括箍筋和拉筋的长度、根数计算。箍筋和拉筋长度的计算方法与框架柱相同，见第 2.3 节。下面介绍箍筋与拉筋根数计算方法。

箍筋根数计算公式：

$$根数 = 2 \times \left(\frac{加密区长度 - 50}{加密区间距} + 1 \right) + \left(\frac{非加密区长度}{非加密区箍筋间距} - 1 \right) \tag{4-11}$$

拉筋根数计算公式：

$$根数 = \frac{梁净跨 - 2 \times 50}{非加密区箍筋间距 \times 2} + 1 \tag{4-12}$$

49. 悬臂梁钢筋长度如何计算？

悬臂梁钢筋形式：上部第一排钢筋、上部第一排下弯钢筋、上部第二排钢筋、下部构造钢筋。

上部第一排钢筋长度计算公式：

$$长度 = 悬挑梁净长 - 2 \times 梁保护层 + 12d + 15d \tag{4-13}$$

上部第一排下弯钢筋长度设计计算公式（当按图纸要求需要向下弯折时）：

$$长度 = 悬挑梁净长 - 梁保护层 + 斜段长度增加值 + 10d \tag{4-14}$$

$$斜段长度增加值 = (梁高 - 2 \times 保护层) \times (\sqrt{2} - 1) \tag{4-15}$$

上部第二排钢筋长度计算公式：

$$长度 = 0.75 \times 悬挑梁净长 + 斜段长度 + 10d \tag{4-16}$$

$$斜段长度 = (梁高 - 2 \times 保护层) \times \sqrt{2} \tag{4-17}$$

下部钢筋长度计算公式：

$$长度 = 悬挑梁净长 - 梁保护层 + 锚固长度 12d(15d) \tag{4-18}$$

参 考 文 献

[1] 中国建筑标准设计研究院. 《16G101-1混凝土结构施工图平面整体表示方法制图规则和构造详图（现浇混凝土框架、剪力墙、梁、板）》. 北京：中国计划出版社，2016.

[2] 国家标准. 《中国地震动参数区划图》GB 18306—2015 [S]. 北京：中国标准出版社，2016.

[3] 国家标准. 《混凝土结构设计规范（2015年版）》GB 50010—2010 [S]. 北京：中国建筑工业出版社，2015.

[4] 国家标准. 《建筑抗震设计规范》GB 50011—2010 [S]. 北京：中国建筑工业出版社，2010.

[5] 国家标准. 《建筑结构制图标准》GB/T 50105—2010 [S]. 北京：中国建筑工业出版社，2011.

[6] 行业标准. 《高层建筑混凝土结构技术规程》JGJ 3—2010 [S]. 北京：中国建筑工业出版社，2010.

[7] 张军. 11G101图集精识快算——框架-剪力墙结构 [M]. 江苏：江苏科学技术出版社，2013.

[8] 李守巨. 11G101图集应用问答系列——平法钢筋识图与算量 [M]. 北京：中国电力出版社，2014.

[9] 高竞. 平法结构钢筋图解读 [M]. 北京：中国建筑工业出版社，2009.

[10] 上官子昌. 平法钢筋识图方法与实例 [M]. 北京：化学工业出版社，2013.

[11] 栾怀军，孙国皖. 平法钢筋识图实例精解 [M]. 北京：中国建材工业出版社，2015.